高校建筑学与艺术设计专业设计基础系列教程

3ds Max/VRay
室内效果图表现教程

项目教学精品课教程

孙 琪 主编

孙 琪 肖茹萍 编著

中国建筑工业出版社

图书在版编目(CIP)数据

3ds Max/VRay室内效果图表现教程/孙琪主编.
北京:中国建筑工业出版社,2012.5
(高校建筑学与艺术设计专业设计基础系列教程)
ISBN 978-7-112-14265-1

Ⅰ.①3… Ⅱ.①孙… Ⅲ.①室内装饰设计－计算机辅助设计－教材 Ⅳ.①TU238.2

中国版本图书馆CIP数据核字(2012)第084729号

责任编辑：王　跃　杨　琪
责任设计：叶延春
责任校对：刘梦然　陈晶晶

本书附配套素材，下载地址如下：www.cabp.com.cn/td/cabp22328.

高校建筑学与艺术设计专业设计基础系列教程
3ds Max/VRay室内效果图表现教程
孙　琪　主编
孙　琪　肖茹萍　编著
*
中国建筑工业出版社出版、发行(北京西郊百万庄)
各地新华书店、建筑书店经销
北京方舟正佳图文设计有限公司制版
廊坊市海涛印刷有限公司印刷
*
开本：880×1230毫米　1/16　印张：$7\frac{1}{2}$　字数：228千字
2012年8月第一版　2018年9月第四次印刷
定价：30.00元(附网络下载)
ISBN 978-7-112-14265-1
　　　(22328)

版权所有　翻印必究
如有印装质量问题，可寄本社退换
(邮政编码 100037)

本教材编委会（排名按姓氏笔画为序）

主　编：孙　琪

编　委：阮家龙　　杜文超　　肖茹萍
　　　　孟　婷　　孟凌红

序 PREFACE

随着我国经济建设向纵深发展，从制造经济到创意经济已成为必然趋势，其中，文化创意产业已成为促进经济再发展的重要组成部分，作为文化创意的先导，艺术设计教育如何满足当今的经济发展趋势并服务于社会，已成为高等艺术设计教育工作者面前的重要课题。

艺术设计教育的本质是将艺术与科学完美地结合并为人类创造更加美好的生活方式。令人欣慰的是当前一大批致力于艺术设计教育的中青年教师正在为此进行不懈的努力，创新探索和勇于实践的精神使之教学成果不断涌现，特别是通过对实践教学经验的总结，编写出许多具有专业前沿意识和实际应用价值的教材。《3ds Max/VRay室内效果图表现教程》一书就是孙琪等诸位老师在总结多年教学心得及社会实践项目实际应用的基础上结合建筑设计、室内设计、环境艺术设计、建筑装饰等专业课程的共性与特点编写而成。值得一提的是书中结合实际设计案例进行讲解，操作步骤详细，内容形象直观，尤其在制图、效果图的表现技法方面充分体现出作者的实战经验，将枯燥无味的计算机软件操作变成易学、易懂的专业化设计工具。

相信该书的出版会对专业学习的学生、专业设计人员及专业爱好者有所帮助，在此，也为孙琪老师编写此书以飨读者表示祝贺。

天津美术学院工业设计系主任、教授
兰玉琪
壬辰年四月初一写于天津

前言 PREFACE

计算机 3ds Max 技术的研究与应用已经进入了成熟、普及阶段，设计师可以利用 3ds Max 技术完成室内、建筑等诸多场景三维效果表现；进行环境内、外空间三维空间效果的虚拟预览；以及演示动画制作进行虚拟现实技术等更为复杂的设计工作，广泛应用在建筑、影视传媒、医学、军事等诸多领域。目前，3ds Max 辅助制图方法是建筑设计、室内设计、环境艺术设计、建筑装饰等艺术设计专业最有效的表现技法之一，在教学大纲中被许多高校列为专业设计的基础课程。

目前，适合建筑设计、室内设计、环境艺术设计、建筑装饰等专业的项目教学教材稀缺，多数院校依然沿用单纯"只命令"、"只参数"的传统教授方法，导致本专业的教学针对性不强，与设计实践应用脱节，学生缺乏兴趣，更谈不上深入理解与灵活运用。实践证明不具备专业特色的"大而全"的教材已经不适合艺术设计专业教材的发展，这正是本书写作的出发点。

本教材的写作是在总结多年教学以及课外项目实践的基础上，将此课程加以系统地整合、梳理，根据建筑设计、室内设计、环境艺术设计、建筑装饰等专业的培养目标、教学计划和基本教学要求而编写的。结合软件辅助教学的特点，力求将繁复的计算机软件操作明确化、简洁化、易懂化、专业化。

本教材的最大特点在于运用"项目教学"的方法和手段，采用"案例分析"、"真活真做"、"旧活新作"的方式将学生引导进一个全新的、触发学生学习兴趣的教学方法。有句话叫"兴趣是学生最好的老师"，让学生知道最终自己通过学习 3ds Max 会达到一种怎样的效果验证，从而增加学生的设计兴趣和潜在成就感。在教授学生案例项目的过程中，将繁复枯燥的命令和参数分节分段地贯穿在软件的学习中去，便于学生的反复练习和无意识地识记。由于立足于建筑设计、室内设计、环境艺术设计专业的教学特点，并结合多个实例，使专业性很强的教材同时不乏生动。

编著本教材的教授、博士和专业教师都长期致力于将现代数字表现手段与建筑、环境艺术设计相结合的课程教学工作，在该领域中有所专长和建树。本书具体各章节的撰写人员如下：

孙　琪：第1章、第2.1节、第3章、第4章、第5章、第6章；

肖茹萍：第2.2节、第2.3节、第2.4节中的2.4.1～2.4.8；

杜文超：第2.4节中的2.4.9～2.4.12、第2.5节中的2.5.1；

孟　婷：第2.4节中的2.4.13、第2.5节中的2.5.2、2.5.3。

本书是高校建筑学与艺术设计专业设计基础教材系列中的专业基础课程教材。可供建筑设计、室内设计、环境艺术设计、建筑装饰等专业的高校师生、建筑装饰行业的从业人员以及对 3ds Max 感兴趣的爱好者和相关人士阅读与自学使用。

3ds Max 软件发展迅速，辅助设计面很广，尽管在写作过程中尽了很大努力，力求使本书具有新意和创意，但仍感能力有限，加之时间紧张，平时教学科研工作繁忙，书中定有不妥之处，在此表示深深的歉意，并希望在今后的再版中能一一修正。

最后，愿这本凝聚着众人心血的教材能为中国艺术设计教育的发展作出微薄的贡献！

编　者

2012 年 3 月

目 录 CONTENTS

序 ··· 04
前言 ·· 05

第1章　3ds Max 软件基础与常用命令 ············· 08
 1.1　3ds Max 的操作界面 ································· 08
 1.2　主工具栏中常用基本对象选择与操作 ········ 09
 1.3　常用创建图形命令 ····································· 10
  1.3.1　图形的创建方法 ······························ 10
  1.3.2　图形的编辑 ······································ 11
  1.3.3　图形主对象编辑 ······························ 12
  1.3.4　编辑图形子对象 ······························ 12
 1.4　创建复合对象 ··· 14
  1.4.1　"挤出"建模方法与设置 ················ 14
  1.4.2　"放样"建模 ··································· 14
  1.4.3　连接 ·· 15
  1.4.4　图形合并 ·· 15
  1.4.5　布尔 ·· 15
 1.5　编辑网格及可编辑多边形 ·························· 16
 1.6　材质与贴图 ··· 16
  1.6.1　材质编辑器使用 ······························ 16
  1.6.2　贴图类型 ·· 20
 1.7　灯光与摄像机 ··· 23
  1.7.1　灯光类型与创建 ······························ 23
  1.7.2　光度学灯的类型 ······························ 24
  1.7.3　灯光的共同参数 ······························ 24
  1.7.4　摄影机的设置与调整 ······················ 26

第2章　VRay 物理属性详解 ······························· 27
 2.1　VRay 效果图调试渲染的工作流程 ············ 27
 2.2　VRayMtl 材质 ··· 27
 2.3　VRay 的灯光照明技术 ······························· 28
  2.3.1　VRay 灯光 ·· 28
  2.3.2　VRay 阴影 ·· 29
  2.3.3　VR 阳光 ·· 29
 2.4　VRay 的材质和贴图技术 ··························· 29
  2.4.1　VR 包裹材质 ···································· 29
  2.4.2　VR 灯光材质 ···································· 30
  2.4.3　VR 双面材质 ···································· 30
  2.4.4　VR 凹凸贴图材质 ···························· 30
  2.4.5　VR 代理材质 ···································· 31
  2.4.6　VR 混合材质 ···································· 31
  2.4.7　VRayHDRI 贴图 ······························ 31
  2.4.8　VR 贴图 ·· 31
  2.4.9　VR 边纹理贴图 ································ 32
  2.4.10　VR 位图过滤贴图 ·························· 32
  2.4.11　VR 颜色贴图 ·································· 32
  2.4.12　VR 合成纹理贴图 ·························· 32
  2.4.13　VR 灰尘贴图 ·································· 33
 2.5　VRay 的物理相机和控制面板 ···················· 33
  2.5.1　VRay 物理相机 ································ 33
  2.5.2　VRay 摄像机面板 ···························· 33
  2.5.3　VRay 散焦效果 ································ 34

第3章　案例教学之午间场景小休闲室 ············· 35
 3.1　单面建模 ··· 35
  3.1.1　单位调试 ·· 35
  3.1.2　创建长方体 ······································ 35
  3.1.3　翻转法线 ·· 36
  3.1.4　移动房体坐标 ·································· 37
  3.1.5　可编辑多边形编辑建模 ·················· 37
  3.1.6　背景墙的设置 ·································· 42
 3.2　基础渲染参数面板设置与合并模型 ·········· 43
  3.2.1　基础渲染参数面板设置 ·················· 43
  3.2.2　模型合并 ·· 45
 3.3　摄像机设置和灯光参数设置 ······················ 46
  3.3.1　摄像机与渲染窗口设置 ·················· 46
  3.3.2　基础材质球设置 ······························ 47
  3.3.3　灯光参数设置 ·································· 50
  3.3.4　VRay 阳光参数设置 ························ 51
 3.4　附着材质 ··· 53
  3.4.1　乳胶漆材质设置 ······························ 53
  3.4.2　木地板材质 ······································ 53
  3.4.3　不锈钢材质 ······································ 56
  3.4.4　陶瓷材质 ·· 56

  3.4.5 挂画材质 ……………………… 58
  3.4.6 黄金材质 ……………………… 59
  3.4.7 黑色塑胶 ……………………… 61
 3.5 设置高级 VRay 参数渲染 …………… 61

第4章 案例教学之夜间场景主卧室 ………… 65
 4.1 设置基础 VRay 参数和调制灯光参数 … 65
  4.1.1 设置 VRay 基础参数 ………… 65
  4.1.2 初步灯光参数的调制 ………… 68
 4.2 附着 VRay 材质与测试渲染 ………… 70
  4.2.1 调光线初始墙体色 …………… 70
  4.2.2 大理石材质调节 ……………… 70
  4.2.3 门窗材质调节 ………………… 72
  4.2.4 白色乳胶漆材质调节 ………… 73
  4.2.5 木地板材质调节 ……………… 73
  4.2.6 壁纸材质调节 ………………… 75
  4.2.7 床头真皮材质调节 …………… 75
  4.2.8 陶瓷材质调节 ………………… 77
  4.2.9 踢脚线材质调节 ……………… 78
  4.2.10 画框材质调节 ………………… 79
  4.2.11 窗帘材质调节 ………………… 80
  4.2.12 透明窗帘材质调节 …………… 81
  4.2.13 壁画材质调节 ………………… 82
  4.2.14 台灯材质调节 ………………… 83
  4.2.15 花篮材质调节 ………………… 83
  4.2.16 泥土材质调节 ………………… 84
  4.2.17 发财树叶材质调节 …………… 85
  4.2.18 吊灯材质调节 ………………… 86
  4.2.19 树干材质调节 ………………… 87
  4.2.20 树叶材质调节 ………………… 87
  4.2.21 枕头材质调节 ………………… 89
  4.2.22 灯罩材质调节 ………………… 89
  4.2.23 测试渲染 ……………………… 89
 4.3 设置高级 VRay 参数与终极渲染 …… 90

第5章 案例教学之整套室内家居效果图制作 … 92
 5.1 设置基础 VRay 参数和调制灯光参数 … 92
  5.1.1 设置 VRay 基础参数 ………… 92
  5.1.2 初步灯光参数的调制 ………… 95
 5.2 附着 VRay 材质与测试渲染 ………… 98
  5.2.1 木纹材质 ……………………… 98
  5.2.2 石质材质 ……………………… 100
  5.2.3 玻璃材质 ……………………… 101
  5.2.4 金属材质 ……………………… 102
  5.2.5 透明材质 ……………………… 103
  5.2.6 布料材质 ……………………… 103
  5.2.7 壁纸挂画材质 ………………… 104
  5.2.8 植物材质 ……………………… 105
  5.2.9 塑料材质 ……………………… 105
  5.2.10 陶瓷瓷砖材质 ………………… 106
  5.2.11 油漆材质 ……………………… 106
  5.2.12 灯光材质 ……………………… 107
  5.2.13 测试渲染 ……………………… 108
 5.3 设置高级 VRay 参数与终极渲染 …… 108

第6章 国际顶级表现艺术家 3seventh 3D and VRay 渲染作品赏析 ……………… 111
 6.1 日本国家图书馆室内工程项目招标方案渲染作品 ………………………………… 111
 6.2 日本东京音乐剧院室内外工程项目招标方案渲染作品 ……………………………… 112

附录 3ds Max 快捷键 …………………………… 113

后记 ………………………………………………… 118

第1章
3ds Max 软件基础与常用命令

1.1 3ds Max 的操作界面

单击桌面 Autodesk 3ds Max 快捷方式，启动该软件。

启动 3ds Max 软件后，默认会打开"欢迎屏幕"，可以通过单击该屏幕相应选项，打开动画演示，了解 3ds Max 的基本功能。关闭该窗口，显示的即是 3ds Max 的默认操作界面，如图 1-1 所示。

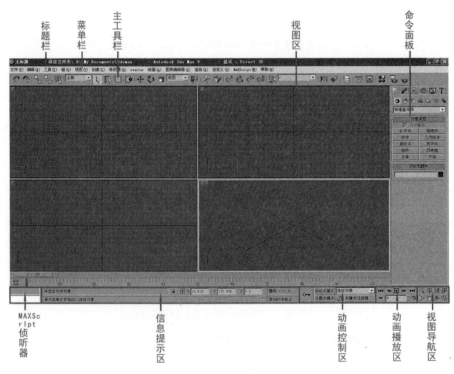

图 1-1 主界面

主界面命令作用　　　　　　　　　　　　　　　　　　　　　　　　表1-1

基本名称	作　用
标题栏	显示文件名称及相关信息，进行窗口最小化、还原|最大化的转换和关闭按钮
菜单栏	以文字形式提供详细的操作命令
工具栏	以图标形式提供详细的操作命令，功能与菜单栏相同
视图及视图控制区	动画制作，用于观察场景
命令面板	创建和修改对象的所有命令，3ds Max 的核心
时间轴	显示动画的操作时间及控制相应的帧
MAXScript 侦听器	用于动画脚本的制作
动画控制区	动画的记录、动画帧的选择、动画播放以及动画时间控制等

1.2　主工具栏中常用基本对象选择与操作

图1-2　主工具栏

主工具栏命令　　　　　　　　　　　　　　　　　　　　　　　　表1-2

基本名称		作　用	操作及注意要点
选择过滤器		能够根据物体特性选择	默认是全部，可根据操作自主选择
选择对象		在场景中单击或框选物体	按着"Ctrl"键可增选物体；按着"Alt"可以减选物体
按名称选择		根据物体的名称选择	单击"H"键，弹出相应的对话框
矩形选择区域		在场景中框选物体	物体所有的部位必须全部选中才能选择
窗口／交叉选择区域		在场景中框选物体	只要和物体有接触就可选择
选择并移动		移动场景中的物体	"X"、"Y"坐标轴同时变黄时可随意移动
命名选择集		根据物体名称选择	可以组成一个组，但个体依然是个体
镜像		用于物体的三维对称翻转	分别于"X"、"Y"、"Z"坐标轴为中心对称
对齐	快速对齐	选择原物体，快速选择另一物体	快捷键"Shift+A"直接使用
	法线对齐	物体法线之间对齐	选好相应的法线
	放置高光	物体高光点对齐	快捷键"Shift+A"，找高光点
	摄像机对齐	和摄像机在同一条法线上	用于摄像机的视图恢复
	对齐到视图	和选择的视图对齐	最大化的视图对齐

1.3 常用创建图形命令

1.3.1 图形的创建方法

图 1-3 命令面板－标准几何体、扩展几何体

图 1-4 命令面板－样条线、NURBS 曲线、扩展样条线

命令面板功能种类 表1-3

基本名称	种类
标准几何体（共10种）	长方体、球体（即经纬球体）、圆柱体、圆环、茶壶、圆锥体、几何球体、管状体、四棱锥（即金字塔形物体）、平面
扩展几何体（共13种）	异面体、倒角长方体、油箱体、纺锤体、正多边形体、环形波（回转圈）、软管（即水管物体）、环形结、倒角圆柱体、胶囊体、L形拉伸体、C形拉伸体、三棱柱
样条线（共11种）	线，圆形，矩形，椭圆，弧，圆环，多边形，星形，文本，螺旋线，截面
NURBS曲线（共2种）	点曲线，CV曲线
扩展样条线（共5种）	墙矩形，通道，角度，T形，宽法兰

1.3.2 图形的编辑

样条线修改面板功能解释

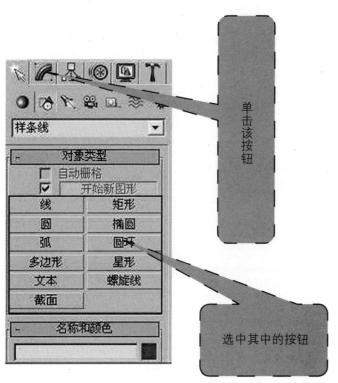

图1-5 图形编辑面板

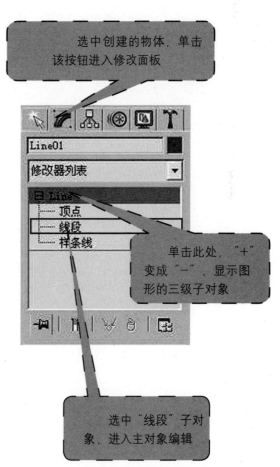

图1-6 样条线修改面板

1.3.3 图形主对象编辑

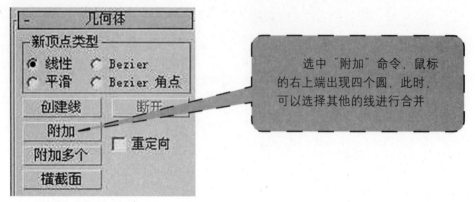

图 1-7 样条线"附加"命令

1.3.4 编辑图形子对象

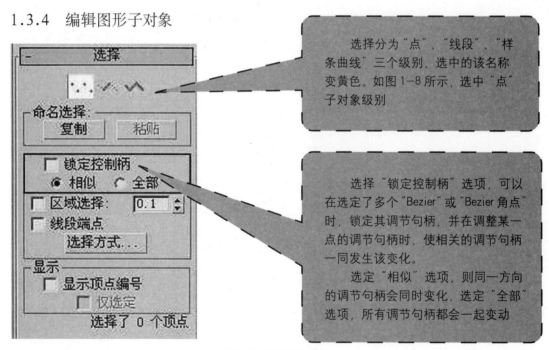

图 1-8 子对象选择

1. 编辑"顶点"子对象

"顶点"子对象功能操作要点及技巧　　　　　　　　表 1-4

名称	操作要点及技巧
角点	选中编辑点,右击选择"角点",点的两条角边成夹角
平滑	选中编辑点,右击选择"平滑",点的两条角边成光滑曲线
Bezier	选中编辑点,右击选择"Bezier",点的两条角边成光滑曲线,并有一根手柄用于控制曲线的曲率
Bezier 角点	选中编辑点,右击选择"Bezier 角点",点的两条角边成光滑曲线,并分别有一根手柄用于控制曲线的曲率

2. 编辑线段子对象：

"线段"子对象功能操作要点及技巧　　　　表1-5

名称	操作要点及技巧
隐藏	隐藏所选中的线段
全部取消隐藏	显示所隐藏的线段
删除	删除所选中的线段
拆分	将选中的线段拆分成若干段，以后面的数字为准，最小是1
分离	将选中的线段分离出整体，成为单独的个体

3. 编辑"样条线"子对象

"样条线"子对象命令操作要点及技巧　　　　表1-6

名称	操作要点及技巧
反转	反转样条线的起始点，该命令对于放样命令意义很大
轮廓	将单条线段组成双条或者多条
布尔	有交集、并集、差集三种，主要是对于相重叠的部分进行运算，见图1-9
镜像	进行镜像复制，类似于镜像命令，有X轴、Y轴、Z轴三种情况
隐藏	隐藏所选中的线段
全部取消隐藏	显示所隐藏的线段
删除	删除所选中的线段
分离	将选中的线段分离出整体，成为单独的个体
炸开	将选中的线段按照点数进行分离，但还是一个整体

图1-9　编辑"样条线"子对象中布尔运算示意图
（从左到右为原图形、并集图形、交集图形、差集图形）

1.4 创建复合对象

1.4.1 "挤出"建模方法与设置

选中二维图形 ⇒ 修改器列表中选择"挤出" ⇒ 设置挤压"数量"

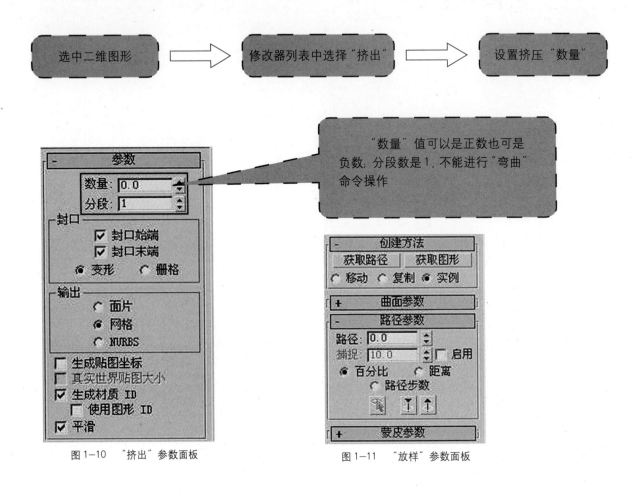

图 1-10 "挤出"参数面板　　　　图 1-11 "放样"参数面板

"数量"值可以是正数也可是负数，分段数是1，不能进行"弯曲"命令操作

1.4.2 "放样"建模

"放样"建模命令功能　　　　表 1-7

定义	利用两个或两个以上的二维图形来制作三维图形的一种复合物体建模方法
原理	利用一个二维图形作为模型路径，再用一个二维图形作为模型不同部位的截面图形，将截面图形放置到路径的不同位置，在各自截面形状间产生过渡表面，从而生成三维图形
注意	路径和截面图形必须是二维图形，需要注意起始点
方法	a. 创建用于"放样"建模的路径图形和截面图形 b. 选择其中任何一个图形作为路径图形 c. 在几何体类型列表中选择"复合对象"类型。并在该类型面板中，单击"放样"按钮，如图 1-11 所示 d. 在"创建方法"中选择一种创建方式，之后应在视图中选择另外一个图形，该图形即会转移配合前一个图形生成放样的图形

1.4.3 连接

"连接"命令功能　　　　　　　　　　　　　　　　　　　　　　表1-8

定义	将两个对象在对应面之间建立封闭的表面,并连接在一起形成新的复合对象
注意	需要先删除各个对象要连接处的面,并使已删除面与面之间的边线对应,完成"连接"命令。在参数面板中进行相关设置,调整连接效果
方法	a. 利用编辑"编辑多边形"修改器,在"多边形"命令下选择要建立连接处的表面,将其删除并形成对象的开口
	b. 将连接对象的开口部位正对放置,并选择其中一个对象。单击"复合对象"选项面板中的"连接"命令
	c. 在"拾取操作对象"卷展栏中,选择参考、复制、移动、实例中的一种拾取方式,单击"拾取操作对象"按钮
	d. 在视图中单击选取另一个连接对象,即可在两个删除面之间形成连接体

1.4.4 图形合并

"图形合并"命令功能　　　　　　　　　　　　　　　　　　　表1-9

定义	将网格对象与一个或多个图形合成复合对象的操作方法
注意	该命令能将二维平面图形投影到三维对象表面,产生相应的三维效果
方法	a. 创建三维物体和图形对象
	b. 单击"图形合并",后点击"拾取图形"按钮,并选择一种拾取方式;在视图中单击二维平面图形对象后完成图形合并

1.4.5 布尔

"布尔"命令功能　　　　　　　　　　　　　　　　　　　　　表1-10

定义	通过对两个以上的物体进行并集、差集、交集的运算得到新的物体
注意	该软件提供了4种布尔运算方式:并集、交集和差集(包括A-B和B-A两种)
方法	a. 创建两个几何对象,将对象移到相交叉(不重合)的位置
	b. 选择一个对象(称为操作对象A),并在"复合对象"栏,选中"布尔命令"
	c. 在"拾取布尔"卷展栏中,单击"拾取操作对象B"按钮,从该按钮下方选择一种拾取方式
	d. 在视图中单击选取另一个对象(称为操作对象B),完成运算

1.5 编辑网格及可编辑多边形

表 1-11

	编辑样条形	编辑网格	编辑多边形
适用对象	线	物体	物体
次物体级别	点、线段、样条线	顶点、边、三角形面、多边形面和元素	顶点、边、三角形面、多边形面和元素
方法	a. 选中编辑对象 b. 单击右键,选择"可编辑样条线",进入修改命令面板 c. 根据需要进行相应的操作	a. 选中编辑对象 b. 单击右键,选择"可编辑网格",进入修改命令面板 c. 根据需要进行相应的操作	a. 选中编辑对象 b. 单击右键,选择"可编辑多边形",进入修改命令面板 c. 根据需要进行相应的操作

1.6 材质与贴图

1.6.1 材质编辑器使用

1. 材质示例窗区

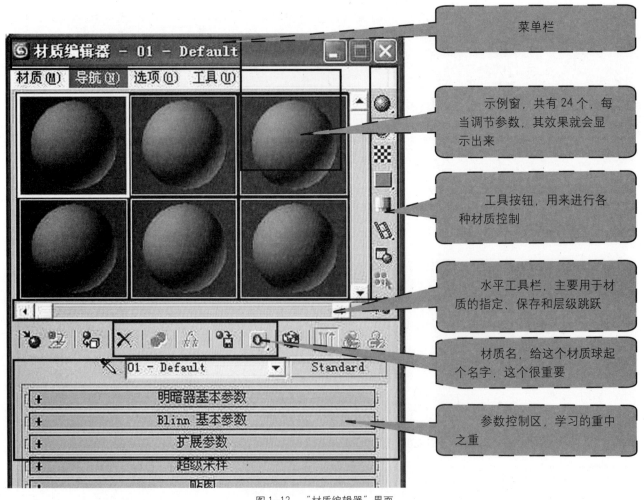

图 1-12 "材质编辑器"界面

2. 材质／贴图浏览区

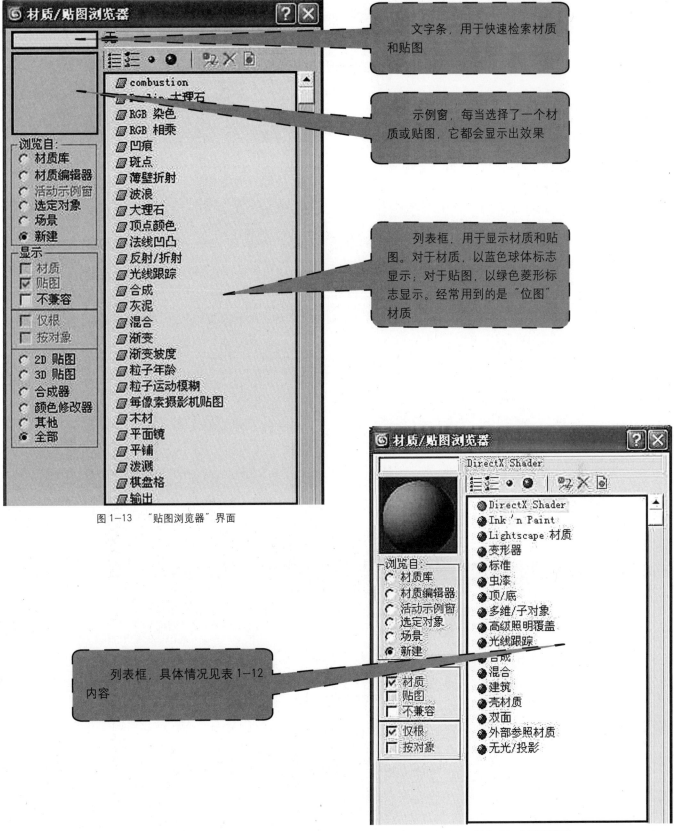

图 1-13 "贴图浏览器"界面

图 1-14 材质浏览器

材质浏览器命令功能　　　　　　　　表 1-12

名称	作用
INK'n Paint	提供一种带"勾线"的均匀填色方式，主要用于制作卡通渲染效果
Lightscape 材质	lightscape 专用材质，不能用于 3ds Max 的光能传递
标准	经常用到的材质类型
虫漆	将一种材质叠加到另一种材质上
顶/底	为物体顶部表面和底部表面分别指定两种不同的材质
多维/子对象	可以组合多个材质同时指定给同一物体，根据物体在次物体级别选择面的材质 ID 号进行材质分配，材质可以多层嵌套
光线跟踪	通过参数控制，模拟现实中的光的衰减、反射、折射
合成	最多将 10 种材质复合叠加在一起，使用增加颜色、减去颜色或者不透明度混合的方式进行叠加
混合	由两种或更多的次材质所结合成的材质，用于为物体创建混合的效果
建筑	对于建筑相关的材料有相应的模板可以使用
壳材质	用于创建相应的烘焙纹理贴图
双面	为物体内外表面分别指定两种不同的材质，法线向外的一种，法线向内的一种
无光/投影	该材质能够使物体成为一种不可见物体，从而显露出当前的环境贴图

3. 参数控制区

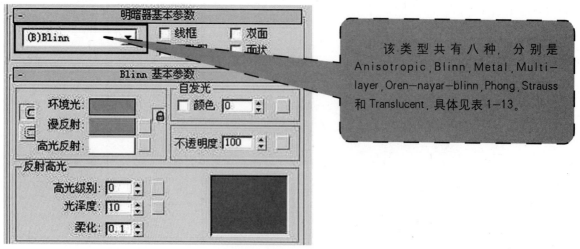

该类型共有八种，分别是 Anisotropic、Blinn、Metal、Multi-layer、Oren-nayar-blinn、Phong、Strauss 和 Translucent，具体见表 1-13。

图 1-15　Blinn 基本参数界面

明暗器基本参数功能　　　　　　　　表1-13

名称	特征、使用方法
Anisotropic	通过调节两个垂直正交方向上可见高光尺寸之间的差额，提供一种"重折光"的高光效果，可以很好地表现毛发、玻璃和被擦拭过的金属等模型效果
Blinn	以光滑的方式进行表面渲染，高光点周围的光晕是旋转混合的
Metal	专用于金属材质的制作，可以提供金属所需的强烈的反光
Multi-Layer	拥有两个高光区域控制，操作类似于 Anisotropic
Oren-Nayar-Blinn	是 Blinn 的特殊形式，通常用来表现织物、陶制品等不光滑粗糙物体的表面
Phong	以光滑的方式进行表面渲染，高光点周围的光晕是发散混合的
Strauss	提供金属感的表面效果，操作比金属更简单
Translucent	能够设置半透明的效果

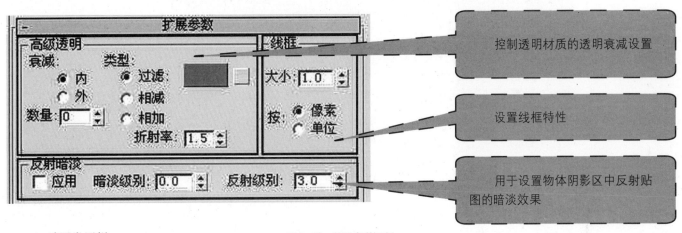

4．贴图卷展栏

图1-16　扩展参数面板

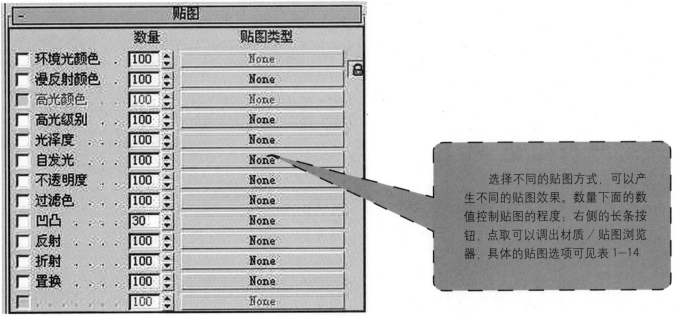

图1-17　贴图卷展栏面板

贴图卷展栏面板命令功能　　　　表 1-14

名称	特征及使用方法
环境光颜色	为物体的环境指定位图或程序贴图
漫反射颜色	用于表现材质的纹理效果
高光级别	通过贴图来改变物体高光部分的强度，白色的像素产生完全的高光区域，而黑色的像素则将高光部分彻底移除，处于两者之间的颜色都不同程度地削弱高光强度
光泽度	通过贴图来影响物体高光出现的位置，白色的像素将光泽度彻底移除，而黑色的像素则产生完全的光泽，处于两者之间的颜色则不同程度地减少高光区域的面积
自发光	贴在物体表面的图像产生发光效果，图像中纯黑色的区域不会对材质产生影响，其他区域将会根据自身的灰度值产生不同的发光效果
不透明度	利用图像的明暗度在物体表面产生透明效果，纯黑色的区域完全透明，纯白色的区域完全不透明
过滤色	专用于过滤方式的透明材质
凹凸	通过图像的明暗强度来影响材质表面的光滑程度，白色图像产生凸起，黑色图像产生凹陷，中间色产生过渡
反射	通常用于表面比较光滑的物体，可以制作出光洁亮丽的质感，如金属的强烈反光质感
折射	用于制作透明材质的折射效果。是在透明材质的"反射"和"折射"贴图上添加了"光线跟踪"类型的贴图后的效果
置换	是根据贴图图案灰度分布情况对几何体表面进行置换，与"凹凸贴图"不同，它可以真正改变对象的几何形状

1.6.2 贴图类型

"贴图"命令功能操作要点　　　　表 1-15

名称	分类	操作要点
二维贴图	位图	使用一张位图图像作为贴图，是最常用的贴图类型
	平铺贴图	此种类型贴图可以获得地板或砖墙的材质效果
三维贴图	凹痕贴图	将该贴图应用于"漫反射颜色"和"凹凸"贴图时，可以在对象的表面上创建凹痕纹理，可用来表现路面的凹凸不平或物体风化和腐蚀的效果
	大理石贴图	用于制作大理石贴图效果，也可用来制作木纹纹理
	木纹贴图	木纹贴图产生带两种颜色的木材纹理，通过颜色选项后面的颜色条可以制作出各种颜色的木纹效果
UVW 贴图		贴图坐标修改器是用于控制纹理贴图正确显示在物体上的修改器，贴图位置通过 U、V、W 尺寸值来调节，"U"代表水平方向，"V"代表垂直方向，"W"代表深度

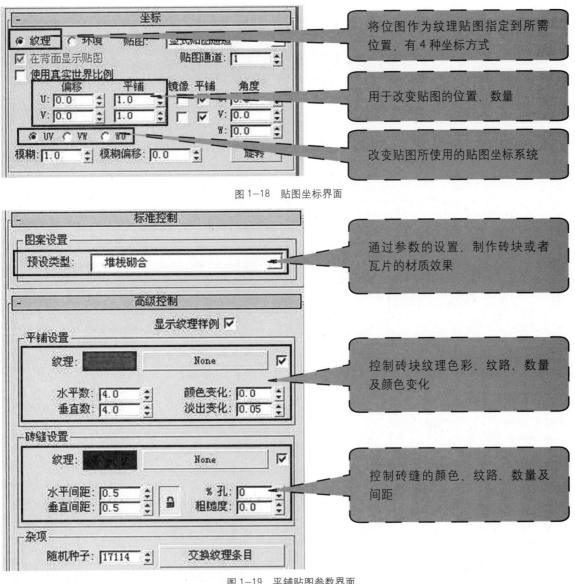

图 1-18　贴图坐标界面

图 1-19　平铺贴图参数界面

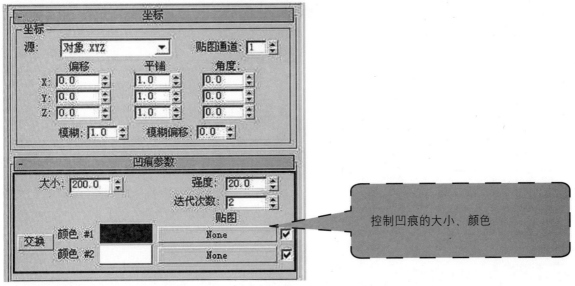

图 1-20　凹痕贴图参数界面及效果

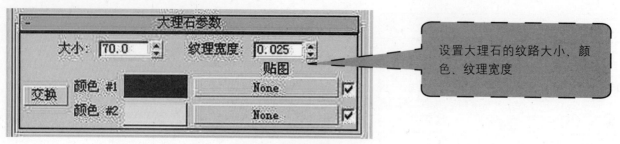

图 1-21 大理石贴图参数界面

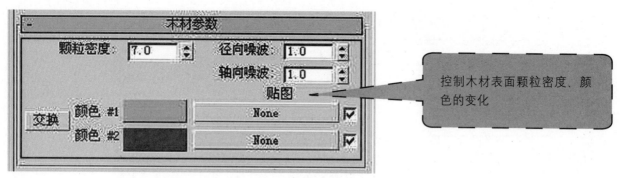

图 1-22 木材参数界面

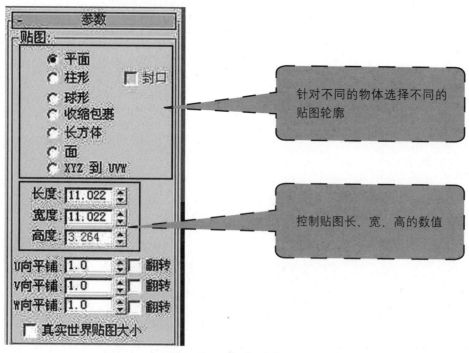

图 1-23 UVW 贴图参数界面

1.7 灯光与摄像机

场景照明一般可以分为自然光和人造光两大类。为与软件用语相匹配,本书统称"灯光"。

1.7.1 灯光类型与创建

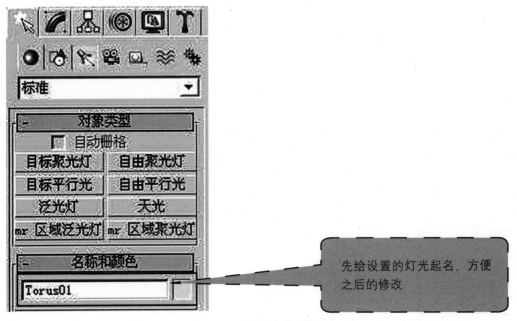

图 1-24 标准灯光类型界面

标准灯光类型功能使用　　　　　表 1-16

名称	灯具特定及使用技巧
泛光灯	似于普通灯泡,它在所有方向上传播光线,并且照射的距离非常远,能照亮场景中所有的模型
聚光灯	类似于舞台上的射灯,可以控制照射方向和照射范围,它的照射区域为圆锥状。聚光灯有两种类型:目标聚光灯和自由聚光灯
平行光灯	在一个方向上传播平行的光线,通常用于模型强大的光线效果如太阳光线、探照灯的光线等,它的照射区域为圆柱状
天光	可以用来模拟日光效果。而且可以自行设置天空的颜色或为其指定贴图。选择该种类型的灯光,在视图中单击鼠标即可创建

1.7.2 光度学灯的类型

光度学灯类型及功能使用　　　　　表1-17

名称	特征及使用技巧
点光源	从一个点向四周发散光能,例如电灯泡中炽热的灯丝。有目标点光源和自由点光源两种类型
线光源	从一条线段向四周发散光能,例如日光灯管。有目标线性光源和自由线性光源两种类型
Area 面光源	从一个三角或矩形面发散光能。有目标面光源和自由面光源两种类型

1.7.3 灯光的共同参数

1. 常规参数卷展栏

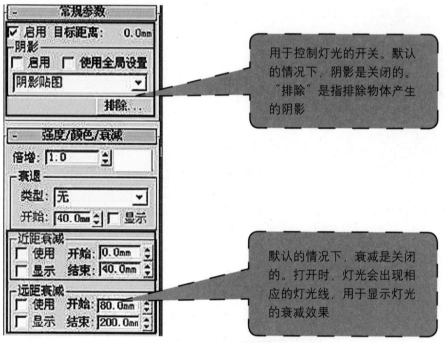

图1-25　常规参数卷展栏

2. 聚光灯参数卷展栏

当用户创建了目标聚光灯、自由聚光灯或是以聚光灯方式分布的光度学灯光物体后,就会出现"聚光灯参数"卷展栏,如图1-26所示。

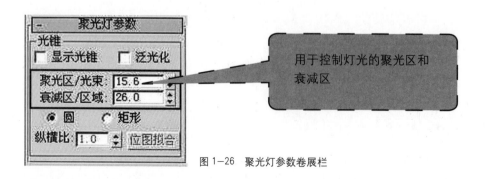

图1-26　聚光灯参数卷展栏

3. 阴影参数卷展栏

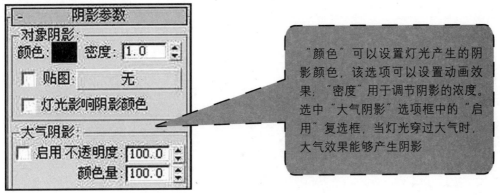

图 1-27　阴影参数卷展栏

"颜色"可以设置灯光产生的阴影颜色，该选项可以设置动画效果；"密度"用于调节阴影的浓度。选中"大气阴影"选项框中的"启用"复选框，当灯光穿过大气时，大气效果能够产生阴影

4. 阴影贴图参数卷展栏

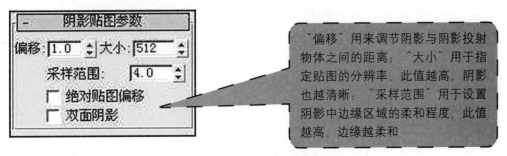

图 1-28　阴影贴图参数卷展栏

"偏移"用来调节阴影与阴影投射物体之间的距离；"大小"用于指定贴图的分辨率，此值越高，阴影也越清晰；"采样范围"用于设置阴影中边缘区域的柔和程度，此值越高，边缘越柔和

5. 光线跟踪阴影参数卷展栏

当在"常规参数"卷展栏中选择了"光线跟踪阴影"类型时，才会出现"光线跟踪阴影参数"卷展栏，如图 1-29 所示。

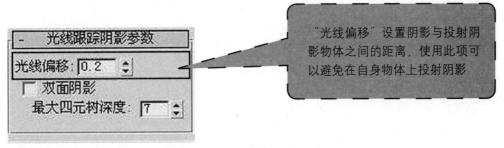

图 1-29　光线跟踪阴影参数卷展栏

"光线偏移"设置阴影与投射阴影物体之间的距离，使用此项可以避免在自身物体上投射阴影

6. 区域阴影卷展栏

当在"常规参数"卷展栏中选择了"区域阴影"类型时,才会出现"区域阴影参数"卷展栏,如图1-30所示。

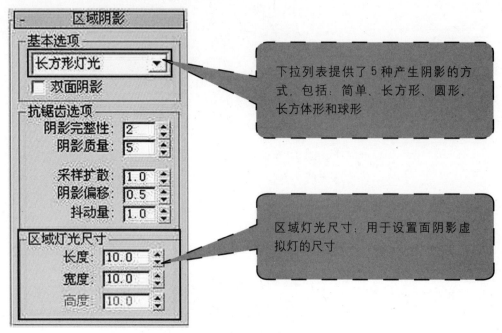

图1-30 区域阴影卷展栏

1.7.4 摄影机的设置与调整

摄影机通常是一个场景中必不可少的组成单位,最后完成的静态、动态图像都要在摄影机视图中表现。

摄影机类型及使用技巧　表1-18

名称	特征及使用技巧
自由摄影机	包括摄影机和目标点。该摄影机方便操作
目标摄影机	只有摄影机,没有目标点
	透视图转换为摄影机视图,直接单击键盘上的"C"键

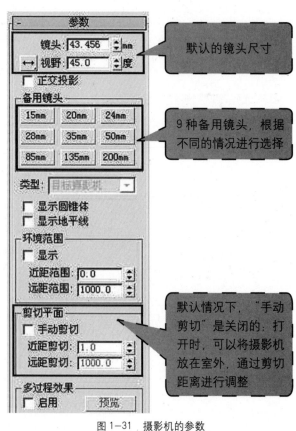

图1-31 摄影机的参数

第 2 章　VRay 物理属性详解

2.1　VRay 效果图调试渲染的工作流程

1. 创建一个场景 → 2. 把渲染器选项卡设置成测试阶段的参数 → 3. 根据场景布置相应的灯光

6. 正式渲染 ← 5. 渲染并保存光子文件 ← 4. 进行场景的材质

2.2　VRayMtl 材质

VRayMtl 材质是 VRay 渲染器的专用材质。使用这个材质能够更快地渲染，更方便地控制反射和折射参数。

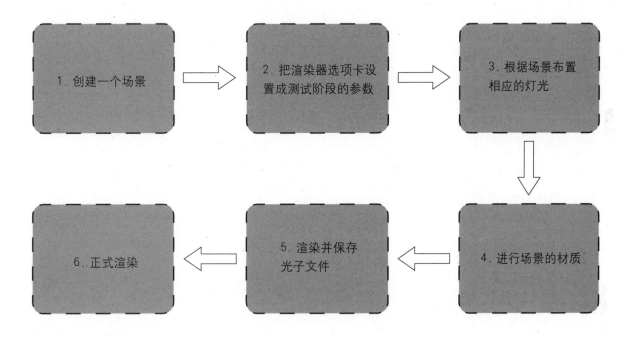

图 2-1　VRayMtl 材质编辑器控制面板

VRayMtl 材质编辑器命令作用　　　　　　　　　　　　表 2-1

基本名称	作用
漫射	所赋予材质的漫反射颜色
反射	通过颜色来控制反射值的大小
光泽度	参数值为 0，产生非常模糊的反射效果；值为 1.0，产生非常明显的镜面反射效果 注意：打开光泽度将增加渲染时间
细分	控制光线的数量，光泽度参数值越大渲染图片越清晰
菲涅尔反射	打开时，将产生真实的玻璃反射
最大深度	光线跟踪贴图的最大深度
使用插值	勾选时，VRay 能够用一种接近发光贴图的缓存方式来加快模糊折射的计算速度
退出颜色	光线在场景中反射次数达到定义的最大深度值以后，将会停止反射
折射	一种折射倍增器
折射率	用来确定材质的折射率。例如：水 1.34、玻璃 1.65
最大深度	控制反射次数
烟雾颜色	用烟雾来填充折射物体
烟雾倍增	参数值越小烟雾越透明
影响阴影	用于控制物体产生的透明阴影

2.3 VRay 的灯光照明技术

2.3.1 VRay 灯光

VRay 灯光参数作用　　　　　　　　表 2-2

基本名称	作用
开	打开 / 关闭 VRay 灯光
排除	排除灯光照射对象
类型	平面：此类型的光源下 VRay 光源呈现平面形状 球体：此类型的光源下 VRay 光源呈现球形 穹形：此类型的光源下 VRay 光源呈现穹顶状
颜色	控制 VRay 光源的颜色
倍增器	控制 VRay 光源在亮度
尺寸	半长：光源的 U 向尺寸　半宽：光源的 V 向尺寸 W 尺寸：光源的 W 向尺寸
双面	灯光为平面光源时，勾选会从面的两个面发射光源
不可见	勾选后，渲染图片时发光体不可见
忽略灯光法线	关闭，能够模拟真实的光线；打开，渲染的效果更加平滑
不衰减	不勾选，光线将随着模拟的空间距离而衰减
存储发光贴图	勾选并且全局照明设定为 Irradiance map 时，VRay 会再次计算 VRayLight 的效果并且将其存储到光照贴图中
影响漫射	控制灯光是否影响物体的漫反射
影响镜面	控制灯光是否影响物体的镜面反射
细分	参数值越大，阴影越细腻，渲染时间越长
阴影偏移	参数值越大，阴影的偏移越大

图 2-2 "VRay 灯光参数"控制面板

2.3.2 VRay 阴影

VRay 支持面阴影，在使用 VRay 透明折射贴图时，VRay 阴影是必须使用的。同时用 VRay 阴影产生的模糊阴影的计算速度要比其他类型的阴影速度快。

VRay 阴影参数作用　　　　表 2—3

基本名称	作　用
透明阴影	勾选后，VRay 会忽略 MAX 的物体阴影参数
光滑表面阴影	勾选后，VRay 将产生更加平滑的阴影
偏移	会产生光线追踪阴影的偏移
区域阴影	打开／关闭阴影
立方体	光线会以一个立方体的表象发出
球体	光线会以一个球体的表象发出
U 尺寸	用于计算面阴影光源的 U 尺寸
V 尺寸	用于计算面阴影光源的 V 尺寸
W 尺寸	用于计算面阴影光源的 W 尺寸
细分	用于控制采样值的数量

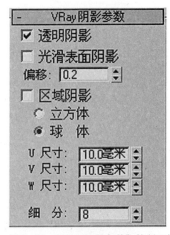

图 2—3　"VRay 阴影参数"控制面板

2.3.3 VR 阳光

"VR 阳光参数"作用　　　　表 2—4

基本名称	作　用
激活	打开／关闭阳光
浊度	设置空气的透明度，参数值越大，空气越不透明，光线会越暗
臭氧	设置臭氧层的稀薄度，参数值越小，到达地面的光能越多
强度倍增器	设置阳光的强度
大小倍增器	值越大，太阳的阴影就越模糊
阴影细分	设置阴影的细致程度
阴影偏移	设置阴影的偏移距离

图 2—4　"VR 阳光参数"控制面板

2.4　VRay 的材质和贴图技术

2.4.1　VR 包裹材质

VR 包裹材质最强大的功能在于可以将标准材质转换为 VRay 渲染器支持的材质类型。

"VR 材质包裹器参数"作用　　　表 2-5

基本名称	作用
基本材质	用于嵌套的材质
产生全局照明	产生全局光及其强度
接收全局照明	接收全局光及其强度
产生散焦	材质是否产生焦散效果
接收散焦	材质是否接收焦散效果
焦散倍增器	产生／接收焦散效果的强度
无光泽对象	设置物体表面为具有阴影遮罩属性的材质

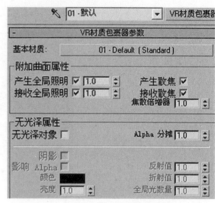

图 2-5　"VR 材质包裹器参数"控制面板

2.4.2　VR 灯光材质

　　VR 灯光材质是一种自发光的材质，通过设置不同的倍增值可以在场景中产生不同的明暗效果。

VR 灯光材质控制面板参数作用　　　表 2-6

基本名称	作用
颜色	设置自发光材质的颜色
倍增	设置自发光材质的亮度
双面	勾选后两面都将产生自发光效果
不透明度	用于将贴图作为自发光设置使用

图 2-6　VR 灯光材质控制面板

2.4.3　VR 双面材质

　　VRay 双面材质用于表现两面不一样的材质贴图效果。

VR 双面材质控制面板参数功能作用　　　表 2-7

基本名称	作用
正面材质	设置物体正面材质为任意材质
背面材质	设置物体背面材质为任意材质
半透明	控制两种以上两种材质的混合度

图 2-7　VR 双面材质控制面板

2.4.4　VR 凹凸贴图材质

VR 凹凸贴图面板参数功能作用　　　表 2-8

基本名称	作用
浅半径	设置浅色区域半径的范围
浅颜色	设置区域的颜色
深半径	设置深色区域半径的范围
深颜色	设置区域的颜色
细分	设置凹凸材质的采样数量
偏移	设置浅色区域和深色区域的混合程度　注意：参数值为正时向浅色偏移，参数值为负时向深色偏移
轨迹深度	设置光线穿过凹凸材质的效果
浅纹理	为材质球的浅部制定纹理贴图
深纹理	为材质球的深部制定纹理贴图
凹凸	用于凹凸贴图通道的纹理贴图设置

图 2-8　VR 凹凸贴图控制面板

2.4.5 VR 代理材质

VR 代理材质控制面板功能作用　　表 2-9

基本名称	作　用
基本材质	设置被替代的基本材质
全局光材质	被设置的材质将替代基本材质参与到全局照明的效果当中
反射材质	被设置的材质将作为基本材质的反射效果
折射材质	被设置的材质将作为基本材质的折射效果

图 2-9　VR 代理材质控制面板

2.4.6 VR 混合材质

VR 混合材质控制面板功能作用　　表 2-10

基本名称	作　用
基本材质	被设置混合的第一种材质层
镀膜材质	被设置用于与"基本材质"混合在一起的其他材质层
混合数量	用于设置两种以上两种材质层的透明度比例 注意：颜色为黑色，完全显示基础材质层的漫反射颜色； 颜色为白色，完全显示镀膜材质层的漫反射颜色

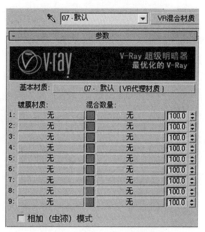

图 2-10　VR 混合材质控制面板

2.4.7 VRayHDRI 贴图

HDRI 是一种特殊的图形文件格式，它能照亮场景，再现真实场景所处的环境。

VRayHDRI 贴图控制面板功能作用　　表 2-11

基本名称	作　用
HDR 贴图	单选取贴图路径
倍增器	设置 HDRI 贴图倍增强度
水平旋转	贴图能水平方向旋转
水平镜像	勾选后贴图能水平对称翻转
垂直旋转	贴图能垂直方向旋转
垂直镜像	勾选后贴图能垂直对称翻转
伽玛值	设置 HDRI 贴图的伽玛值参数
贴图类型	选择贴图的坐标方式

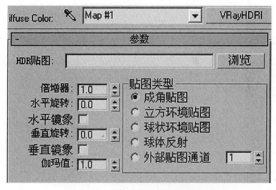

图 2-11　VRayHDRI 贴图控制面板

2.4.8 VR 贴图

VR 贴图控制面板功能作用　　表 2-12

基本名称	作　用
反射	开启贴图反射功能
折射	开启贴图折射功能
过滤色	设置贴图的强度参数
背面反射	勾选后强制 VRay 追踪物体背面的光线
光泽度	设置反射模糊的程度
细分	设置反射的采样数
最大深度	设置光线的最大反弹次数
中止阈值	光线的能量低于该参数时停止光线追踪
退出颜色	设置光线在场景反射达到最大深度颜色

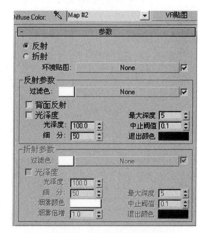

图 2-12　VR 贴图控制面板

2.4.9　VR 边纹理贴图

VR 边纹理贴图控制面板功能作用　　表 2-13

基本名称	作　用
颜色	设置线框的颜色
隐藏边	勾选后可以渲染隐藏的边
厚度	设置边框精细度
世界单位	设置世界单位的线框宽度
像素单位	设置像素单位的线框宽度

图 2-13　VR 边纹理贴图控制面板

2.4.10　VR 位图过滤贴图

VR 位图过滤贴图控制面板功能作用　　表 2-14

基本名称	作　用
U 偏移	设置 U 偏移位图
V 偏移	设置 V 偏移位图
翻转 U	设置 U 向翻转位图
翻转 V	设置 V 向翻转位图
通道	设置贴图通道

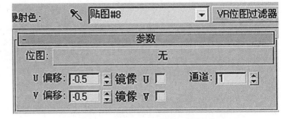

图 2-14　VR 位图过滤贴图控制面板

2.4.11　VR 颜色贴图

VR 颜色贴图控制面板功能作用　　表 2-15

基本名称	作　用
红	设置 VR 颜色贴图的红色通道
绿	设置 VR 颜色贴图的绿色通道
蓝	设置 VR 颜色贴图的蓝色通道
倍增器	设置 VR 颜色的倍增参数
通道	设置 VR 颜色贴图的通道参数
颜色	设置 VR 颜色贴图的固有颜色

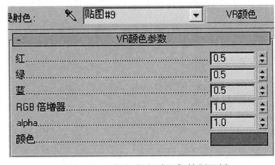

图 2-15　"VR 颜色贴图"控制面板

2.4.12　VR 合成纹理贴图

VR 合成纹理贴图控制面板功能作用　　表 2-16

基本名称	作　用
源 A 与源 B	设置"无"按钮指定贴图，该贴图会与源 B 中指定的贴图进行混合
运算方式	设置两张贴图的混合方式

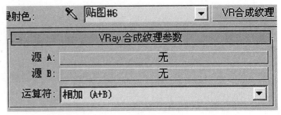

图 2-16　"VR 合成纹理参数"控制面板

2.4.13 VR 灰尘贴图

VR 灰尘贴图控制面板功能作用   表 2—17

基本名称	作用
半径	设置阴影范围大小
阻挡颜色	设置阴影区域颜色
无阻挡颜色	设置阴影区域以外的颜色
分布	设置阴影扩散程度
衰减	设置阴影边缘的衰减程度
细分	设置灰尘材质的采样数量
偏移	设置投影在三个轴向上的偏移距离
影响 alpha	勾选后会显示阴影区域
忽略全局光	勾选后会忽略渲染设置对话框中的全局光设置

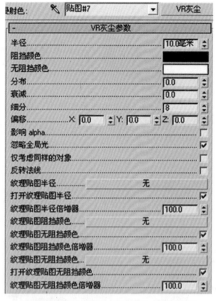

图 2—17 "VR 灰尘参数" 控制面板

2.5 VRay 的物理相机和控制面板

2.5.1 VRay 物理相机

VRay 物理相机能模拟真实成像，能更轻松地调节透视关系。

VRay 物理相机控制面板功能作用   表 2—18

基本名称	作用
缩放因数	设置最终图像的近、远效果
焦距比数	设置焦距光圈大小 注意：系数越小口径越大，光通亮越大，主体越清晰
快门速度	用于设置快门速度 注意：数字越大越快，快门速度越小，实际速度越慢，通过的光线越多，主体越清晰
胶片速度 ISO	设置照相机的感光系数 注意：白天 ISO 控制在 100～280，黄昏或阴天 ISO 控制在 290～300，夜晚 ISO 控制在 310～400

图 2—18 VRay 物理相机控制面板

2.5.2 VRay 摄像机面板

VRay 摄像机控制面板功能作用   表 2—19

基本名称	作用
光圈	设置摄像机的光圈大小。光圈参调数大，图像模糊程度将加强
中心偏移	设置模糊中心的位置 注意：值为正数时，模糊中心位置向物体内部偏移；值为负数时，模糊中心位置向物体外部偏移
焦距	设置焦点到所关注物体的距离 注意：远离视点的物体将被模糊
细分	设置景深物效的采样点的数量 注意：参数值越大效果越好

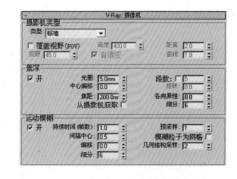

图 2—19 "V—Ray::摄像机" 控制面板

2.5.3 VRay 散焦效果

VRay 散焦效果控制面板功能作用   表 2—20

基本名称	作用
倍增器	设置散焦强度
搜索距离	设置投射在物体平面上的光子距离 注意：较小数值会渲染出斑状效果，较大数值会渲染出模糊效果
最大光子	设置投射在物体平面上的最大光子数量 注意：光子数量高于默认值，效果会比较模糊，低于默认值，散焦效果消失
最大密度	用于控制光子的最大密集程度 注意：默认值为 0，散焦效果比较锐利

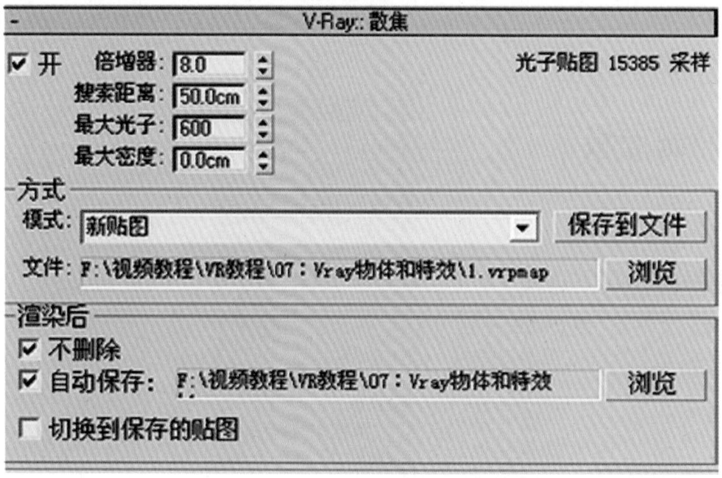

图 2—20 "V-Ray∷散焦"效果控制面板

第 3 章
案例教学之午间场景小休闲室

3.1 单面建模

3.1.1 单位调试

在建模之前,首先需要设置或检查单位设置是否是以"毫米"为单位。

1. 打开"菜单栏",在"自定义"命令栏的下滑命令栏里选择"单位设置",如图 3-1 所示。

图 3-1 单位设置命令操作

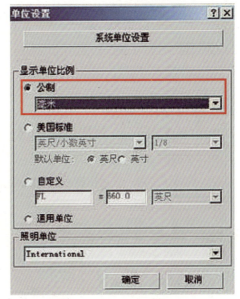

图 3-2 "单位设置"对话框

2. 这是显示"单位设置"的命令面板,我们将"公制"前的按钮点开,将单位选取为"毫米",如图 3-2 所示。

3.1.2 创建长方体

在"顶视图"中选择"标准基本体"命令栏下的"长方体"命令,创建一个长方体。"长度"5750mm;"宽度"5750mm;"高度"2600mm,如图 3-3 所示。

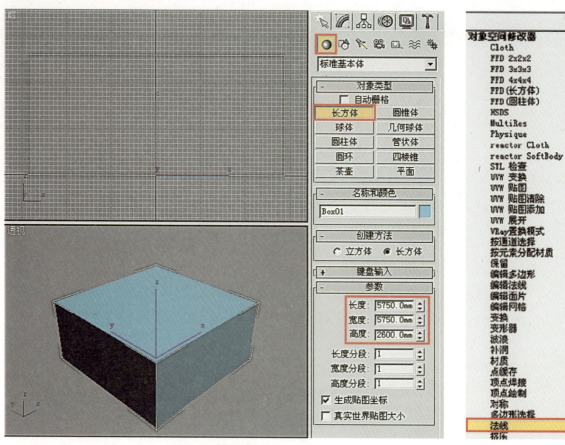

图 3-3 创建长方体　　　　　　　　图 3-4 "法线"命令操作

3.1.3 翻转法线

1. 选择"修改"命令栏，在其命令面板下划线栏中选择"法线"，如图 3-4 所示。

2. 在"透视图"中，鼠标放置"透视"字体上右击，出现如图 3-5 的视窗快捷菜单栏，选择"线框"。在视图中就会出现没有面只有棱线的一个长方体，有助于在建模的过程中选择"点"、"线"。

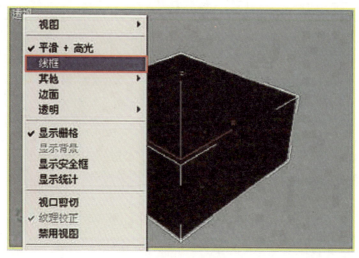

图 3-5 "线框"命令操作

3.1.4 移动房体坐标

在"顶视图"中选择"移动"工具和"二维捕捉"工具,将房体左下角选中不放鼠标左键,对齐移动至原点(0.0)坐标点。在移动之前,把鼠标放置"二维捕捉"工具处,鼠标"右击"。这时会出现一个"栅格和捕捉设置"对话框,勾选"定点",这是为了能更好地选中"房角"和"原点",如图3-6、图3-7所示。

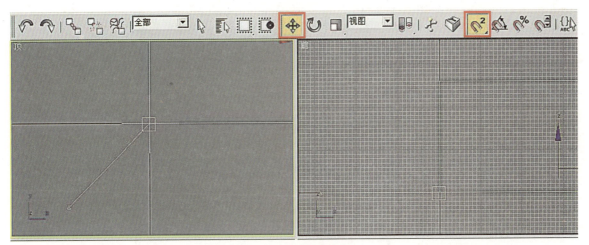

图 3-6 移动到原点操作

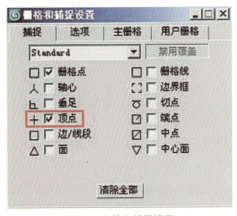

图 3-7 栅格和捕捉设置

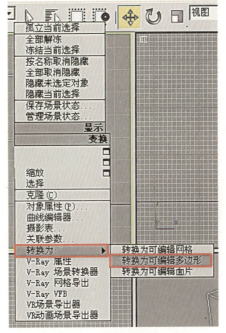

图 3-8 "转换为可编辑多边形"操作

3.1.5 可编辑多边形编辑建模

1. 选中长方体,鼠标右击将其转换为"可编辑多边形",如图3-8所示。

2. 选择"面"(快捷键"4")选中"地面",在其下方选择命令面板中选择"分离"命令,并按键盘上的"Delete"键将其删除,如图3-9~图3-11所示。

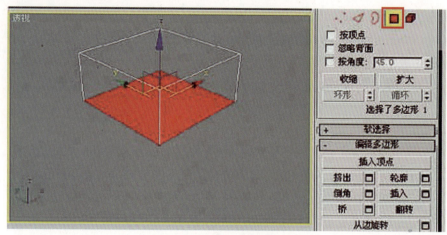

图 3-9 地面分离操作

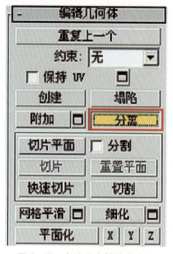

图 3-10 点选分离操作命令

图 3-11 "分离"对话框

3. 在"顶视图"中,选择标准基本体中的"平面"命令键,创建房体的地面。"长度"值设置为7000,"宽度"值设置为7000,"长度分段"值设置为4,"宽度分段"值设置为4,之后,将其拖移到房体中心位置,接下来点击鼠标右击选择"隐藏当前选择"先将其隐藏,如图3-12、图3-13所示。

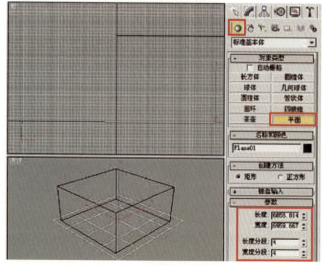

图 3-12 创建房体地面平面

图 3-13 将地面平面隐藏

4. 对顶棚的分离命令操作同上文"2"。在"顶视图"中，选择"顶点"（快捷键"1"）将左侧的两个点"框选"，鼠标右击"选择并移动"命令，在"移动变换输入"编辑框中将"偏移：屏幕"中设置"X"值为–550，如图3-14所示。

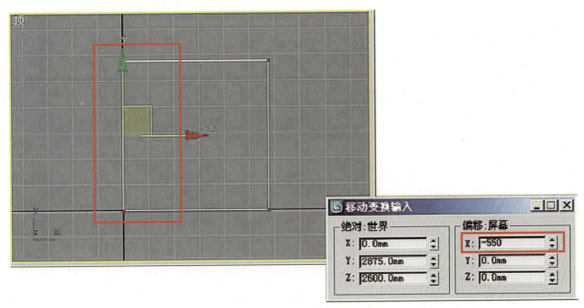

图 3-14 "偏移"数值设置

5. 在"前视图"中选择"边"（快捷键"2"），鼠标框选窗口这两根线并"连接"后面的"框"按钮，"分段"设置为1，如图3-15、图3-16所示。

图 3-16 连接边"分段"数设置

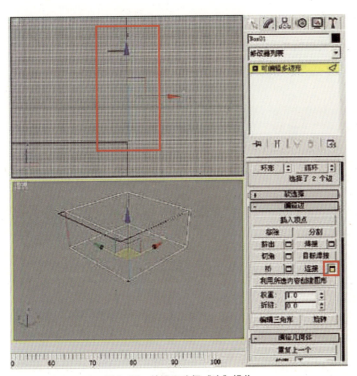

图 3-15 前视图选择"边"操作

6. 选择新建的这条连线，鼠标右击"选择并移动"命令，此时就会出现"移动变换输入"，在"移动变换输入"编辑框中将"偏移：世界"中设置"Z"值为150，如图3-17所示。

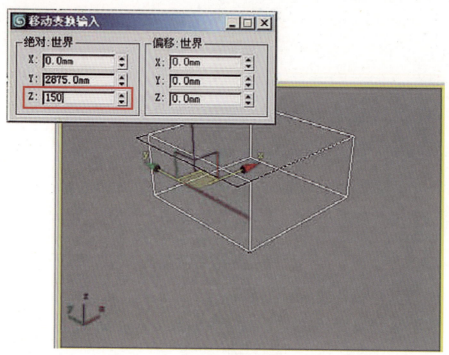

图3-17 移动变换输入设置

7. 建"勒脚"。选择"面"（快捷键"4"）选中窗面下方新建的一个块面，在其下方选择命令面板中选择"挤出"命令，"挤出高度"值设置为-120，如图3-18、图3-19所示。

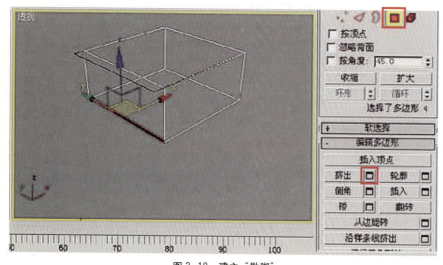

图3-18 建立"勒脚"

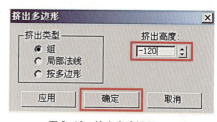

图3-19 挤出高度设置

8. 在"透视图"中，选择新建的一条"线"，按住"Ctrl"键不放，然后再选择"窗体"上方的另一条线，点击"连接"。此时会出现"连接边"对话框，"分段"值设置为4，如图3-20、图3-21所示。

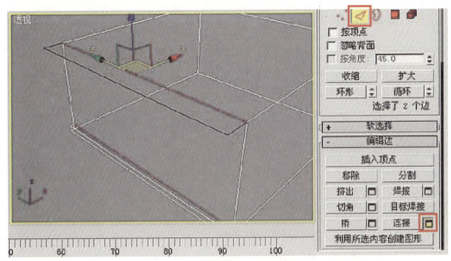

图3-21 连接边分段设置

图3-20 "透视图"中选择"线"

9. 在"透视图"中选择"面"（快捷键4），点选落地窗的一个面，点击"倒角"。此时会出现"倒角多边形"对话框，"高度"值设置为-40，"轮廓量"值设置为-40，如图3-22、图3-23所示。

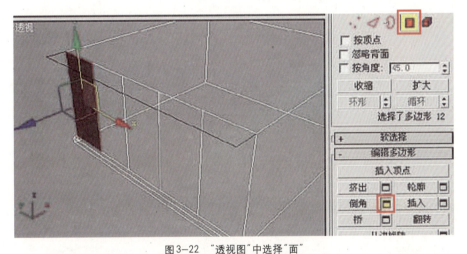

图3-22 "透视图"中选择"面"

图3-23 "倒角多边形"参数设置

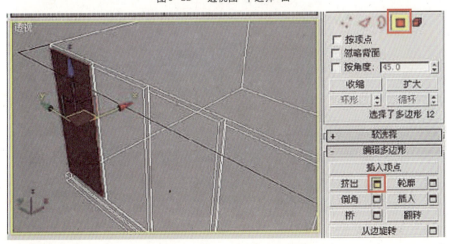

图3-25 "挤出高度"值设置

图3-24 "挤出多边形"命令选择

10. 在"透视图"中，点击"挤出"后面的方框。此时会出现"挤出多边形"对话框，"挤出高度"值设置为 -10，并删除其面，并接着右击选择"全部取消隐藏"，如图 3-24～图 3-26 所示。

3.1.6 背景墙的设置

1. 在"命令面板"中点击"创建"，选择"几何体"中的"平面"，在左视图中创建背景墙，将参数"长度"值设置为 3500～4000，"宽度"值设置为 6800～7500，"长度分段"值设置为 1，"宽度分段"值设置为 8～15，如图 3-27 所示。

2. 在"前视图"中，选中"背景墙"并用鼠标拖动置于窗外适合位置，如图 3-28 所示。

图 3-26 "全部取消隐藏"操作

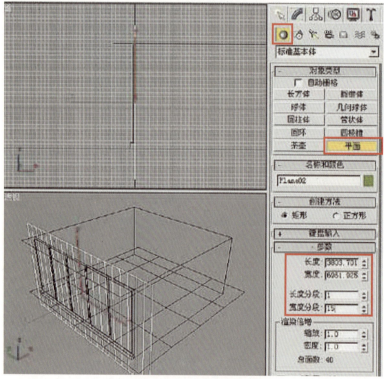

图 3-27 创建背景墙

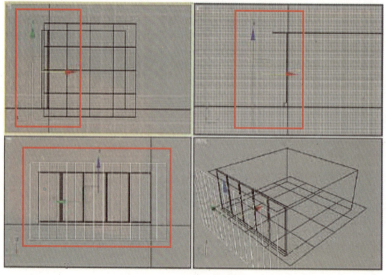

图 3-28 背景墙位置设置

3.2 基础渲染参数面板设置与合并模型

3.2.1 基础渲染参数面板设置

1. 选择渲染

点击"菜单栏"中的"渲染",在下滑栏菜单中点击"渲染"(快捷键"F10"),如图3-29所示。

2. 在渲染场景"公用"中调整参数

①在"公用参数"中,"输出大小"中设置"宽度"值为350,"高度"值为500,"图像纵横比"值为0.70000,并"锁定",如图3-30所示。

注意:基础渲染,图输出的大小不宜过大,数值越小在调节灯光参数繁复设置时渲染草图的速度也越快。

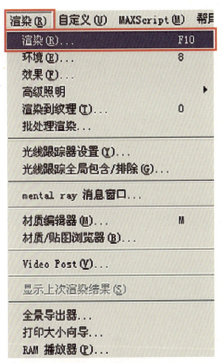

图3-29 渲染命令

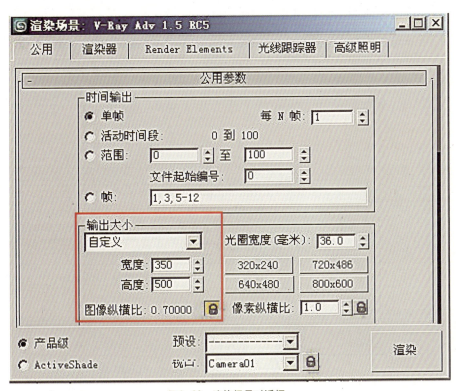

图3-30 渲染场景对话框

②用鼠标往上滑动,在"指定渲染器"中,点击"产品级"的后面的选择方式方框。此时会跳出"选择渲染器"对话框,选择"V-Ray Adv 1.5 Rc5",如图3-31、图3-32所示。

3. 渲染器中的基础参数修改

①"V-Ray:图像采样(反锯齿)",类型选择"固定","抗锯齿过滤器"勾选关掉,如图3-33所示。

②"V-Ray:间接照明(GI)"中勾选框打开,并将"二次反弹"中的"全局引擎"调整为"灯光缓冲模式",如图3-34所示。

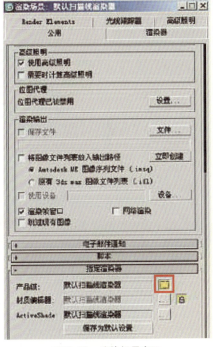

图3-31 渲染场景窗口

图 3-32 选择渲染器 "V-Ray Adv 1.5 RC5"

图 3-33 "V-Ray∷图像采样（反锯齿）" 命令面板

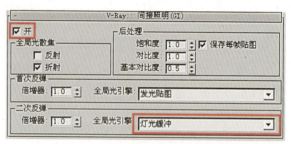

图 3-34 "V-Ray∷间接照明（GI）" 命令面板

③ "V-Ray：发光贴图" 中，"内设预制" 改为 "自定义"，"最小比率" 值设置为 -6 ～ -5，"最大比率" 值设置为 -5 ～ -4，"模型细分" 值设置为 20 ～ 25，"插补采样" 值设置为 20 ～ 22，如图 3-35 所示。

图 3-35 "V-Ray∷发光贴图 [无名]" 命令面板

图 3-36 "V-Ray∷灯光缓冲" 命令面板

图 3-37 "V-Ray∷rQMC 采样器" 命令面板

④ "V-Ray：灯光缓冲" 中，"细分" 值设置为 160 ～ 260，如图 3-36 所示。

⑤ "V-Ray：rQMC 采样器" 中，"适应数量" 值设置为 0.85 ～ 0.80，"最小采样值" 值设置为 8 ～ 7，"噪波阈值" 值设置为 0.01，如图 3-37 所示。

⑥ 在 "V-Ray：系统" 中的 VRay 日志里，"显示窗口" 的勾选关掉，如图 3-38 所示。

⑦ "V-Ray：颜色映射" 中，类型改为 "指数"，并将 "子象素贴图" 与 "亮度输出" 的勾选开关打开，"影响背景" 的勾选开关关掉，如图 3-39 所示。

图 3-38 "V-Ray∷系统" 命令面板

图 3-39 "V-Ray：：颜色映射"命令面板

3.2.2 模型合并

1. 在菜单栏中点击"文件"，在其下滑栏菜单中选择"合并"，如图 3-40 所示。
2. 选择要合并的 3D 模型文件（.max）并打开，如图 3-41 所示。

图 3-40 "合并"命令操作

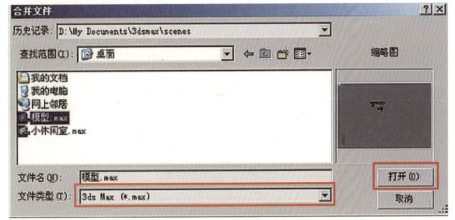
图 3-41 选择合并文件

3. 此时出现"合并 – 模型"对话框，点击"全部"，选择要合并的模型，一般情况可以将"列出类型"当中的"灯光"、"摄像机"的勾选框关掉，以免将原合并模型中的灯光、摄像机一并合并进来，如图 3-42 所示。

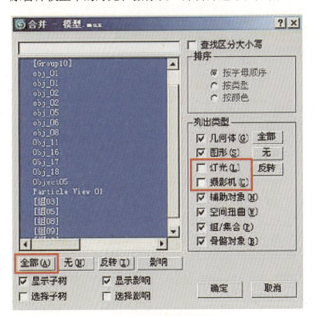

图 3-42 合并模型操作

4. 分别参照"顶视图"、"前视图"、"左视图",将模型摆到靠近落地窗口合适的位置,如图 3-43 所示。

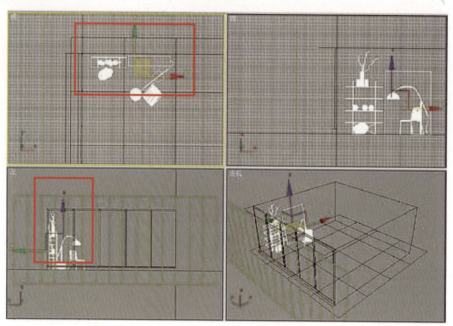

图 3-43 合并模型后视图示意

3.3 摄像机设置和灯光参数设置

3.3.1 摄像机与渲染窗口设置

1. 点击"创建"选择其中的"摄像机",在"标准"下选择"目标",到顶视图上建立摄像机,并调整其位置,如图 3-44 所示。

2. 点击"修改",修改其参数,"镜头"值设置为 50,如图 3-45 所示。

图 3-44 创建目标摄像机

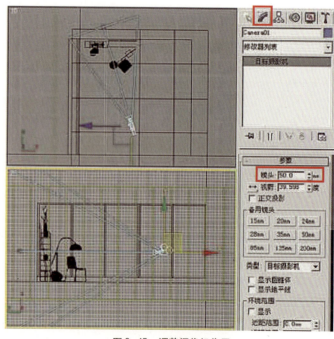

图 3-45 调整摄像机位置

3. 从"视图"中调整到摄像机视图窗口"Camera01"的角度，即要渲染出的比例窗口，如图 3-46 所示。

3.3.2 基础材质球设置

乳胶漆材质球

1. 选中第一个材质球，在"Standard"中选择"VRayMtl"，点"确定"。

2. 为了方便在之后的操作中知道，所设置的材质球是什么，需要养成及时命名材质的好习惯，现在给这一材质球命名为"乳胶漆"。

3. 将"漫反射"颜色参数设置为"红"1、"绿"1、"蓝"1。

4. 将材质附着到相应物体上，如图 3-47、图 3-48 所示。

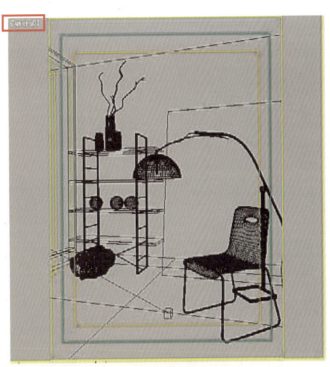

图 3-46 摄像机视图

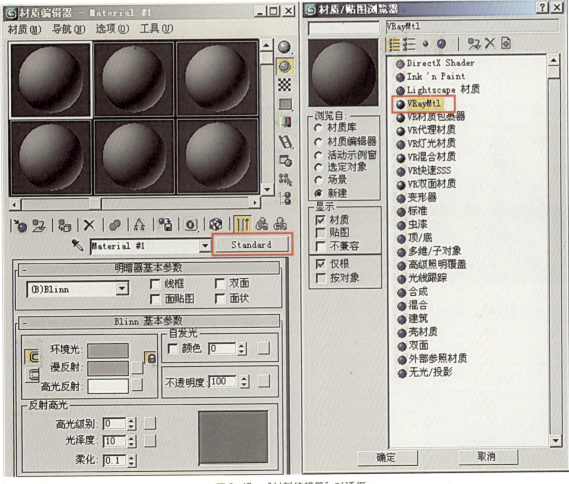

图 3-47 "材料编辑器"对话框

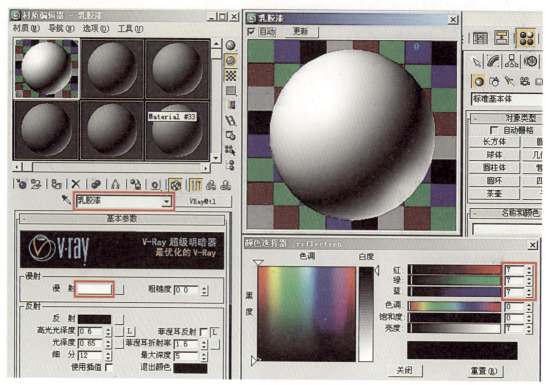

图 3-48 乳胶漆材质附着

背景材质球

1. 在"Standard"中选择"VR 灯光材质",如图 3-49 所示。

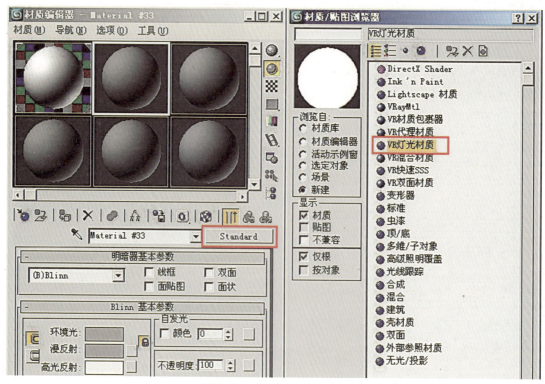

图 3-49 "VR 灯光材质"设置

2. 将其命名为"背景贴图",并修改"颜色"后的亮度"参数"值为2.0,点击"None"选择"位图",点击"确定",如图3-50、图3-51所示。

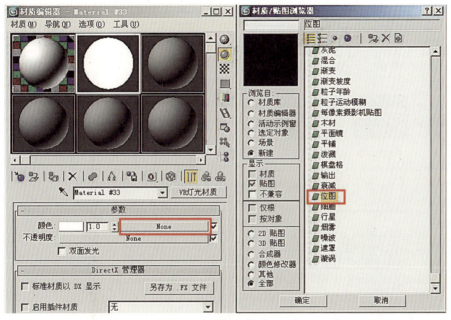

图3-50 "背景贴图"设置

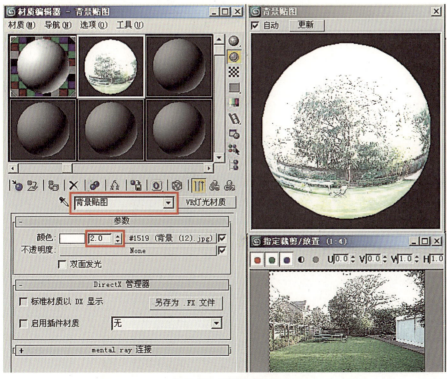

图3-51 背景贴图设置

3. 选择一张背景贴图,点击"打开",如图3-52所示。
4. 将材质附着给窗外"背景墙"。

图 3-52　选择所需图片

3.3.3　灯光参数设置

1. 创建灯光

点击"创建",选择"灯光",点击"VR 灯光"。

2. 建立调整

在视图上拖动建立,并调整好高度、位置和方向,如图 3-53 所示。

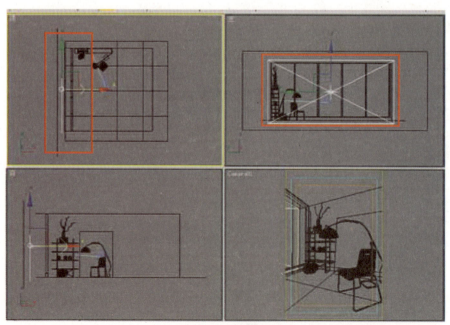

图 3-53　视图调整

3. 修改 VR 灯光参数

点击"强度"中的"颜色"后面的方框，出现对话框后设置参数"红"255、"绿"241、"蓝"199，"倍增器"值设置为5.0，"选项"下勾选"不可见"，如图3-54、图3-55所示。

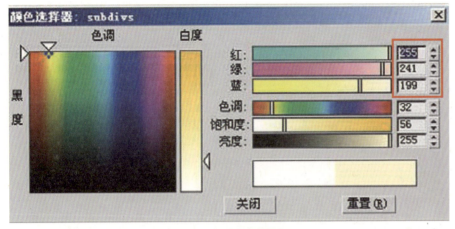

图3-55 颜色参数设置

图3-54 "选项"中勾选"不可见"

3.3.4 VRay 阳光参数设置

1. 创建灯光

在"创建"中选择"灯光"，点击"VR阳光"，如图3-56所示。

2. 创建并修改参数

①在顶视图上拖动建立，并在顶视图、前视图上并调整好高度、位置和方向，如图3-57所示。

注意：太阳要距离房间远一些。

②修改"VR阳光"参数，"强度倍增器"值设置为0.01，"大小倍增器"值设置为2.0，"阴影细分"值设置为8，"阴影偏移"值设置为0.2，"光子发射半径"值设置为50，如图3-58所示。

3. 排除面板

点击"排除"，选择环境背景"plane02"排除，这是为了背景墙是一个有效

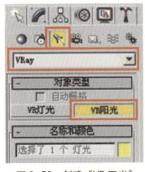

图3-56 创建"VR阳光"

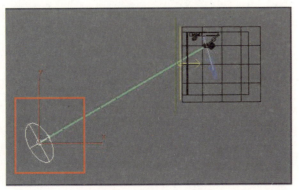

图3-57 "VR阳光"位置调整

地面体，如果不排除，会挡住太阳的光线，使之无法照射到室内，如图3-59所示。

4．完成创建的光线测试渲染　如图3-60所示。

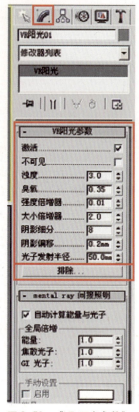

图3-58　"VR阳光参数"设置

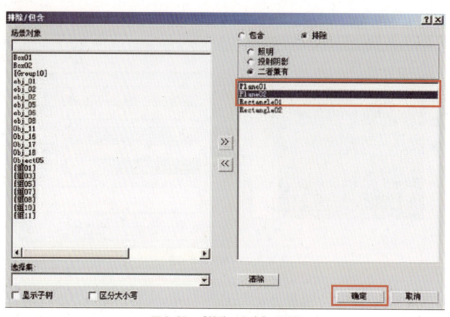

图3-59　"排除／包含"对话框

图3-60　光线测试渲染图

3.4 附着材质

通过上面的光线参数的调整完毕,接下来就要进行物体材质的渲染。

在附着材质的时候,遵循先附着大块面的模型(例如墙面、地面等),后附着小块面的装饰物件(例如装饰物、电线等);在复杂的场景中,相似的材质应该同一时间进行设置、附着。

下面就这一简单场景进行讲解:

3.4.1 乳胶漆材质设置

1. 选择墙体,并点击"材质编辑器",选择"材质球"。
2. 将其命名"墙面米黄色乳胶漆",并在"Standard"中选择"VRayMtl",点击"确定"。
3. 将"漫射"颜色参数设置为"红"255,"绿"250,"蓝"220。
4. 将"反射"颜色参数设置为"红"5、"绿"5、"蓝"5,"高光光泽度"值设置为0.7,"光泽度"值设置为0.7,"细分"值设置为15。
5. 在"选项"下拉菜单中将"跟踪反射"去掉,并将其附着给墙体,如图3-61所示。

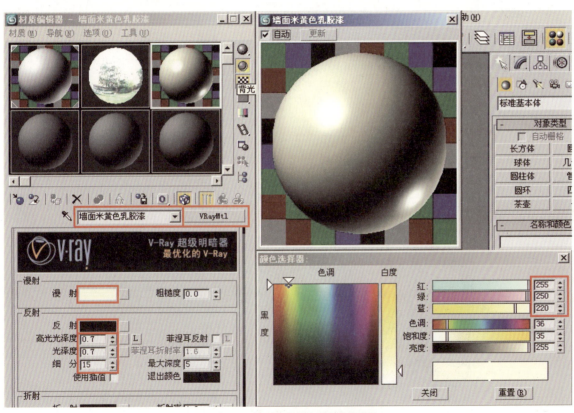

图 3-61 墙面米黄色乳胶漆参数设置

3.4.2 木地板材质

像椅子、还有带有木纹的材质,也可参照此方法设置。

1. 打开"材质编辑器",选择"材质球"。
2. 将其命名"实木地板",并在"Standard"中选择"VRayMtl",点击"确定"。
3. 点击"漫射"后的方框,选择"位图",并点击"确定"。选择材质图片,并单击"确定",如图3-62、图3-63所示。

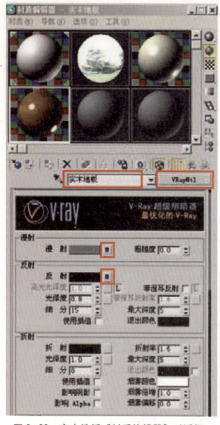

图 3-62 实木地板"材质编辑器"对话框

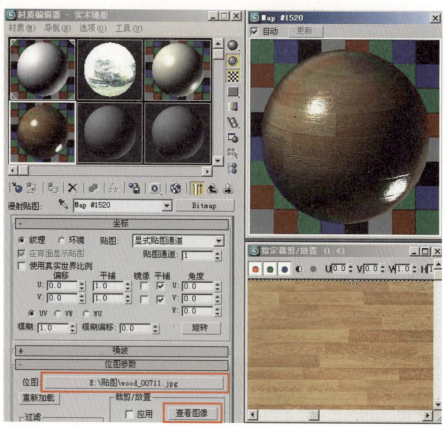

图 3-63 选择图片

4. 点击"反射"颜色后的方框,选择"衰减"。在"衰减参数"中"前侧"下点击第二个颜色框,颜色参数设置为"红"128、"绿"128、"蓝"128,"衰减类型"选为"垂直/平行",点击"转到父对象"进入父对象(见图3-62)将"光泽度"设置为0.8,"细分"设置为15,如图3-64、图3-65所示。

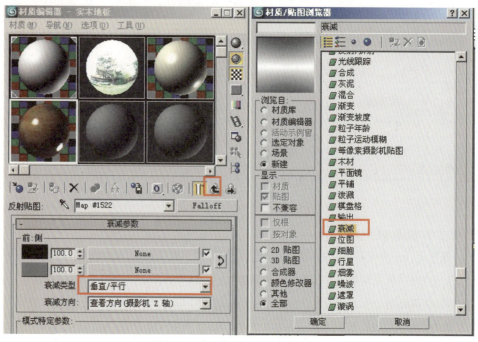

图 3-64 实木地板材质衰减类型设置

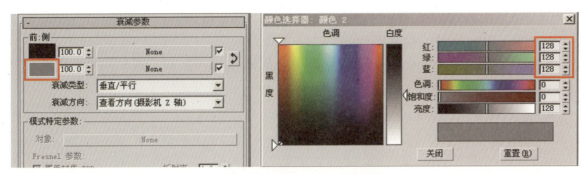

图 3-65 实木地板材质颜色参数设置

5. 在"贴图"下拉菜单中,将"漫射"后的图片拖动到"凹凸"选项的后面,"复制",点击"确定","凹凸"值设置为 50,如图 3-66 所示。

6. 最后将材质附加给地面。

7. 在"修改"下滑栏的命令选项中选择"UVW 贴图"可以对地板贴图的大小进行修改。

注意:选择地板,在没有将地面分离的情况下,也可利用"修改"下的"可编辑多边形"中的"面"(快捷键 4)命令来选中地板,点击"材质编辑器"。

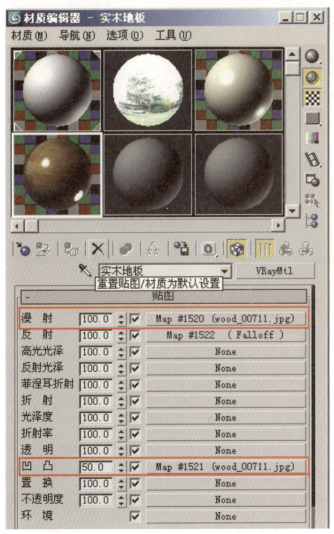

图 3-66 实木地板材质"漫射"、"凹凸"参数设置

3.4.3 不锈钢材质

1. 打开"材质编辑器",选择"材质球"。
2. 将其命名为"不锈钢",并在"Standard"中选择"VrayMtl",点"确定"。
3. "反射"颜色参数设置为"红"175、"绿"175、"蓝"175。
4. 将"光泽度"设置为0.9,"细分"设置为15。
5. 将材质附着给落地灯、椅子腿、装饰球、装饰架金属拉筋,如图3-67所示。

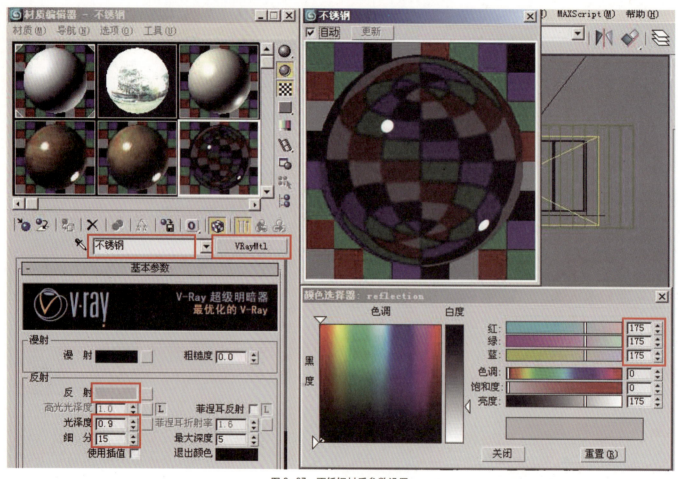

图3-67 不锈钢材质参数设置

3.4.4 陶瓷材质

1. 打开"材质编辑器",选择"材质球"。
2. 将其命名为"桔色陶瓷",并在"Standard"中选择"VrayMtl",点"确定"。
3. 点击"漫射"的颜色框,颜色参数设置为"红"245、"绿"165、"蓝"50,如图3-68所示。
4. 点击"反射"颜色后的方框,选择"衰减"。在"衰减参数"中"前侧"下 "衰减类型"选为Fresnel反射类型,"高光光泽度"设置为0.9,"光泽度"设置为0.95,"细分"设置为15,如图3-69、图3-70所示。
5. 将材质附着给花瓶。

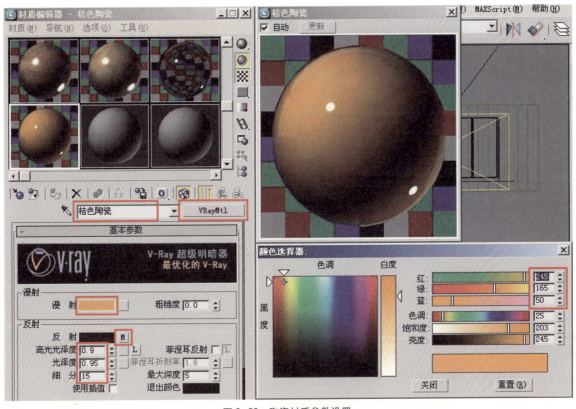

图 3-68 陶瓷材质参数设置

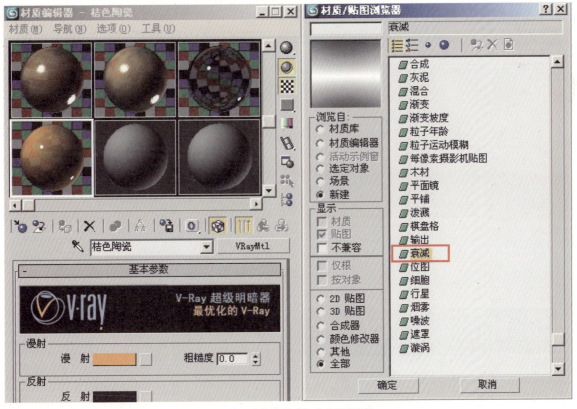

图 3-69 陶瓷材质"衰减"类型选择

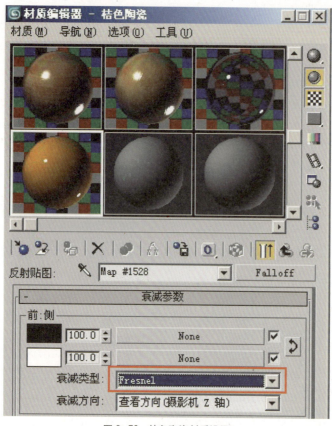

3.4.5 挂画材质

1. 打开"材质编辑器",选择"材质球"。

2. 将其命名为"挂画",并在"Standard"中选择"VrayMtl",点"确定"。

3. 点击"漫射"颜色框后的选框,选择"位图",点击"确定",选择相应的"挂画贴图",在"位图参数"中可以勾选"裁减/放置"下的应用,点击"查看图像"可以对选择图像的需求部分进行调整,如图3-71、图3-72所示。

4. 将材质附着给落地观赏画。

图3-70 桔色陶瓷材质设置

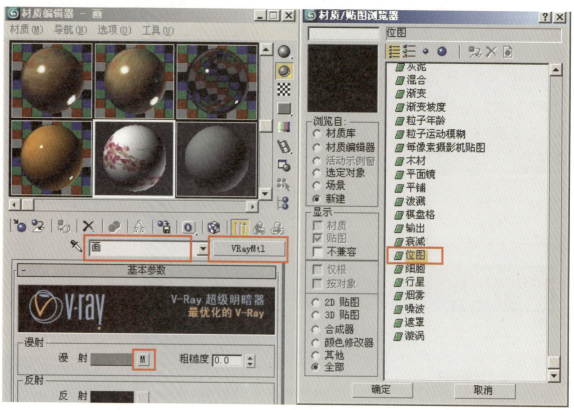

图3-71 挂画材质设置

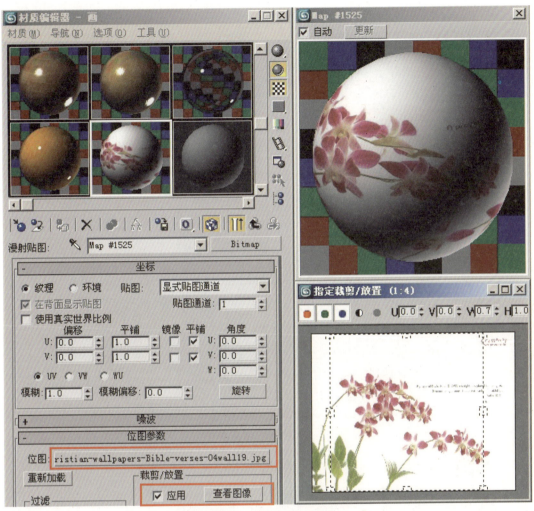

图 3-72 挂画材质位图选择

3.4.6 黄金材质

1. 打开"材质编辑器",选择"材质球"。

2. 将其命名为"黄金",并在"Standard"中调整"明暗器"基本参数,在下拉菜单中选择"(B) B linn"。

3. 将"环境光"颜色参数设置为"红"40,"绿"20,"蓝"15。

4. 将"漫反射"颜色参数设置为"红"192,"绿"148,"蓝"15。

5. 将"高光反射"颜色参数设置为"红"166,"绿"160,"蓝"5。

6. 在"反射高光中","高光级别"值设置为63,"光泽度"值设置为10,"柔化"值设置为0.1,如图 3-73 所示。

7. 在"贴图"下拉菜单下勾选"反射",并点击"none",选择"vr贴图",点击"确定",如图 3-74 所示。

8. 在"参数"下拉菜单中的"反射参数",勾选"光泽度","光泽度"值设置为60,"细分"值设置为3,如图 3-75 所示。

9. 将材质附着给佛头。

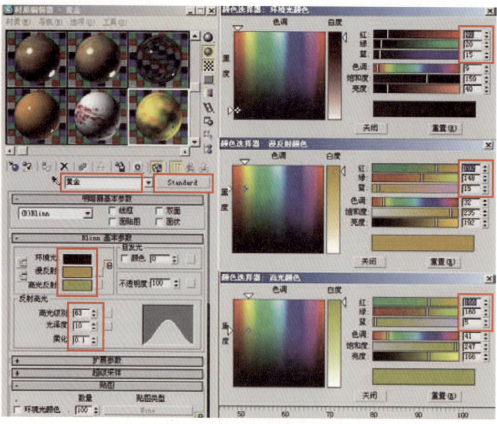

图 3-73 黄金材质"Blinn 基本参数"设置

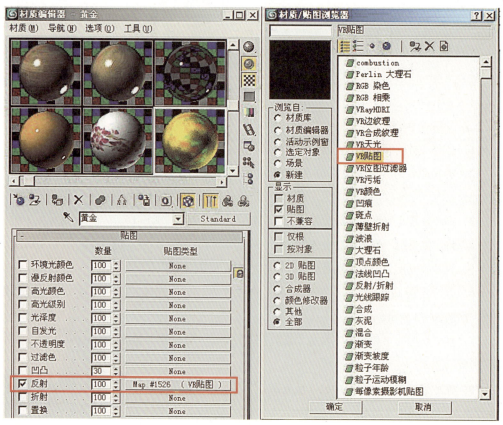

图 3-74 黄金材质"反射"参数设置

3.4.7 黑色塑胶

1. 打开"材质编辑器",选择"材质球"。
2. 将其命名为"黑色塑料",并在"Standard"中选择"VrayMtl",点"确定"。
3. 将"漫射"颜色参数设置为"红"10,"绿"10,"蓝"10。
4. 在"反射"中,"光泽度"值设置为1,"细分"值设置为15,如图3-76所示。

5. 将材质附着给电线。

这套图的材质附着已经完成,点击渲染,先看一下整体的初步效果,再进行一定的调整,检查物体是不是都是附着好材质。

3.5 设置高级VRay参数渲染

经过前面灯光参数与材质参数的调节和设置,下文中进行最终出图的高级VRay参数之设置。其实简单说来,就是加大参数的设置,为渲染一幅高质量作品而进行最终参数设置。进过此阶段的调整,渲染时间会变长,当然相应的图片的质量也会提高。

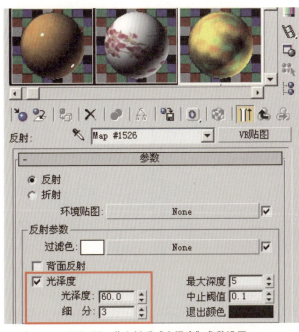

图3-75 黄金材质"光泽度"参数设置

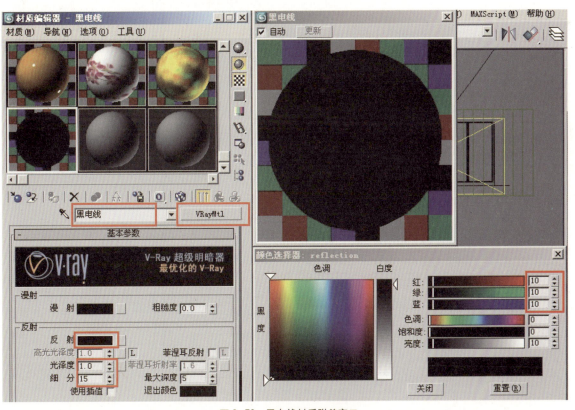

图3-76 黑电线材质附着窗口

1. 在"渲染器"中"V-Ray：图像采样(反锯齿)"，"图像采样器"下的"类型"定为"自适应细分"，"抗锯齿过滤器"中勾选"开"，选择"Mitchell-Netravali"。

2. "V-Ray：自适应细分图像采样器"中的"最小比率"值设置为-1~1，"最大比率"值设置为2~3。

3. "V-Ray：发光贴图"中的基本参数，"最小比率"值设置为-3，"最大比率"值设置为-2，"半球细分"值设置为40~60，如图3-77所示。

4. "V-Ray：灯光缓存"下，"计算参数"中"细分"值设置为800~1000，这样能够极大的提高渲染出图片的清晰度和减少噪点。

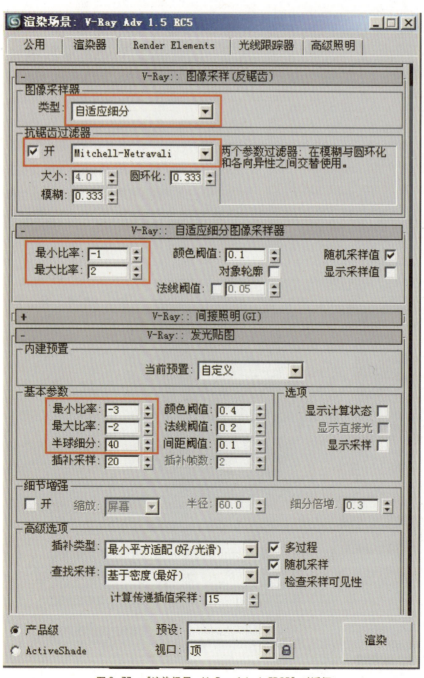

图3-77 "渲染场景：V-Ray Adv 1.5RC5"对话框

5. "V-Ray：系统"下的"渲染区域分割"中的"区域排序"里我们可以选择"上—下"，如图3-78、图3-79所示。

渲染过程进行中如图3-80所示。

最终渲染出效果图如图3-81、图3-82所示。

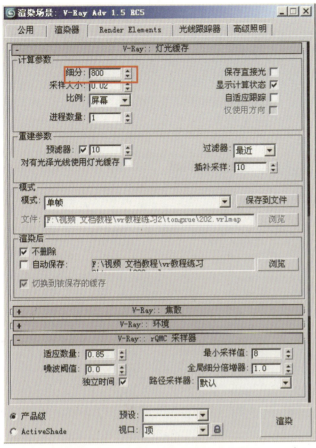

图3-78 "V-Ray：灯光缓冲"命令面板

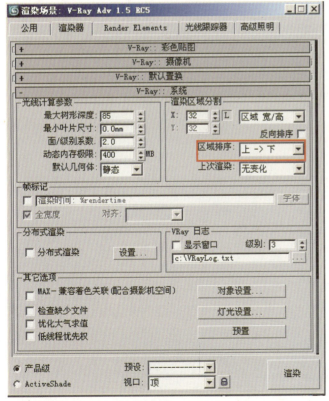

图3-79 "V-Ray：系统"命令面板

图 3-80 渲染过程中

图 3-81 渲染图

图 3-82 局部渲染图

第4章 案例教学之夜间场景主卧室

4.1 设置基础 VRay 参数和调制灯光参数

4.1.1 设置 VRay 基础参数

制作效果图时,应把 VRay 参数调为参数值较低的基础渲染参数,有利于提高渲染速度,观看一个大体的效果图。

1. 公用中的基础参数修改

打开"渲染场景",点击"公用",在公用参数卷展栏中,"输出大小"可设置为 300*150。"图像纵横比" 2.00000 并锁定,如图 4-1 所示。

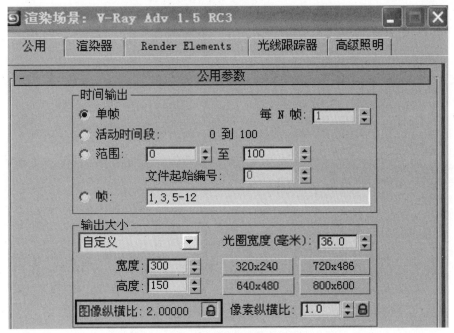

图 4-1 "图像纵横比"设置

在"指定渲染器"中产品级中选择"V-Ray Adv 1.5 RC3"渲染器并在材质编辑器上锁定,如图 4-2 所示。

图 4-2 "指定渲染器"命令面板

2. 渲染器中的基础参数修改

① "V-Ray：图像采样（反锯齿）"命令面板，类型选择"固定"，"抗锯齿过滤器"勾选关掉，如图 4-3 所示。

图 4-3 "V-Ray::图像采样（反锯齿）命令面板

② "V-Ray：间接照明（GI）"中勾选框打开，并将"二次反弹"中的"全局引擎"调整为 "灯光缓冲模式"，如图 4-4 所示。

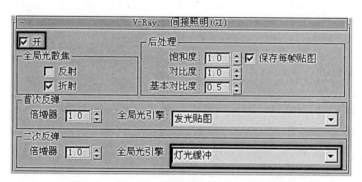

图 4-4 "V-Ray::间接照明（GI）"命令面板

③ "V-Ray：发光贴图"中，"内建预置"设置为"自定义"，"最小比率"值设置为 -6，"最大比率"值设置为 -5，"模型细分"值设置为 20，"插补采样"值设置为 20，如图 4-5 所示。

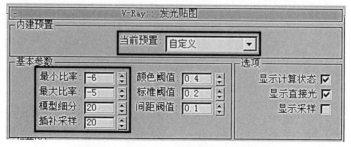

图 4-5 "V-Ray::发光贴图"命令面板

④ "V-Ray：灯光缓冲"中，"细分"值设置为 200，如图 4-6 所示。

图 4-6　"V-Ray::灯光缓冲"命令面板

⑤ "V-Ray：rQMC 采样器"中，"适应数量"值设置为 0.85，"最小采样值"值设置为 8，"噪波阈值"值设置为 0.01，如图 4-7 所示。

图 4-7　"V-Ray::rQMC 采样器"命令面板

⑥ 在"V-Ray：系统"中的 VRay 日志里，"显示窗口"的勾选关掉，如图 4-8 所示。

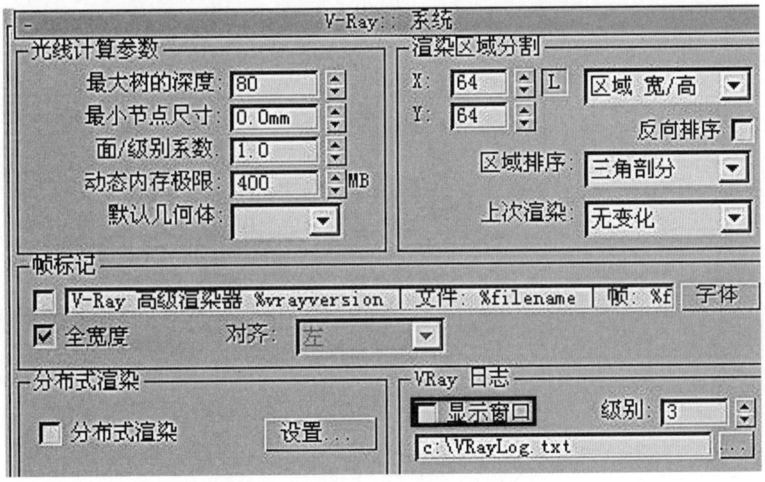

图 4-8　"V-Ray::系统"命令面板

⑦ "V-Ray：颜色映射"中，类型改为"指数"，并将"子像素贴图"与"亮度输出"的勾选开关打开，"影响背景"的勾选开关关掉，如图 4-9 所示。

图 4-9　"V-Ray::颜色映射"命令面板

4.1.2 初步灯光参数的调制

夜景效果图光照主要来源于户外的夜光、灯光、台灯和一些辅助照明光源。因为是做夜景，太阳光就不考虑了，天光调节与白天的天光调节也有所不同，室内照明会有些暗，人为的添加一些光源照明来提高室内亮度，使室内更加明亮美观。

1. 窗户照射光的调制

在"创建"面板中点击"灯光"，将"标准"改换为"VRay"，点选"VR灯光"如图4-10所示。

图4-10 选择"VR灯光"

在"左视图"拖动鼠标创建灯区，其大小要略大于窗户的大小，如图4-11所示。

注意：由于摄像机与窗户、灯光的角度不同，为了更好地将光源覆盖到整个窗户，所以灯区要略大于窗户，覆盖窗户即可，调节灯光照射的方向时箭头指向室内。

图4-11 灯区创建

点选灯光的"修改面板"，VRay灯光"颜色"参数设置为："红"219、"绿"168、"蓝"252，"倍增器"值设置为1.0，如图4-12所示。

注意：选项中将灯光勾选不可见，这样在渲染的过程中就可以隐藏Vray灯光所产生的"面"。

2. 目标点光源（台灯、吊灯）的设置

在"创建"面板中点击"灯光"，将"标准"改换为"广度学"，点选"目标点光源"，在"前视图"台灯模型处创建灯光，切换至"顶视图"，并移动至台灯模型处即可。点击"修改面板"，在"常规参数"阴影中勾选"启用"，选择"VRay

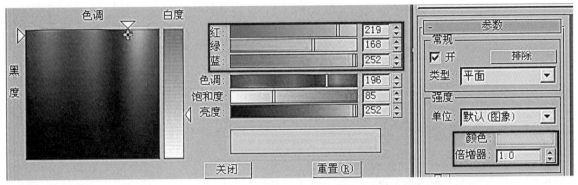

图 4-12 "VRay 灯光"颜色参数设置

阴影"。在"强度／颜色／分布"中，分布选择"Web"。"强度"中"cd"值设置为1516.0，在"Web 参数"中 Web 文件选择一个合适的"光域网文件"（如本案例中使用"台灯广域网"），如图 4-13 所示。

创建第二个台灯，即将之前做好的台灯光源复制移动到相应的位置即可。

吊灯的做法与台灯一致，修改参数即可，吊灯参数"强度"值设置为"cd"2500.0。在"Web 参数"文件中添加一个"广域网文件"（如本案例中使用"中间亮"），其余的参数与台灯一样，如图 4-14 所示。

3. 补光调节设置

在"创建"面板中点击"灯光"，将"标准"改换为"VRay"，点选"VR 灯光"，在"前视图"中创建 VR 面光源，调节灯光位置。VRay 灯光"颜色"参数设置为："红"199、"绿"168、"蓝"234，"倍增器"值设置为：2.0，选项中勾选"不可见"，如图 4-15 所示。

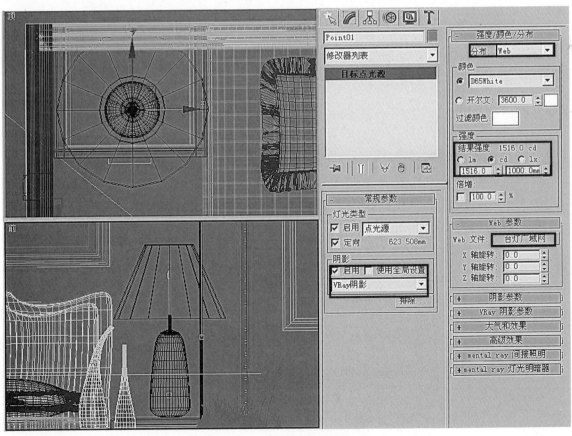

图 4-13 目标点光源台灯参数设置

图 4-14 目标点光源吊灯参数设置

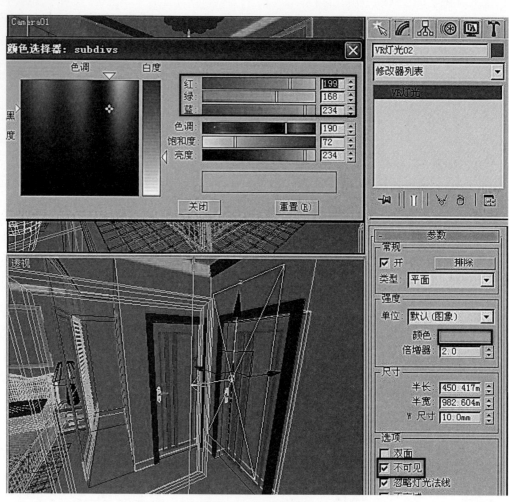

图 4-15 补光调节设置

4.2 附着 VRay 材质与测试渲染

4.2.1 调光线初始墙体色

1. 打开"材质编辑器",选择"材质球"。

2. 将其命名为"调光线初始墙体色",并在"Standard"中选择"VRayMtl",点"确定"。

3. "漫射"参数设置为"红"215、"绿"223、"蓝"195。

4. "反射"参数设置为"红"12、"绿"12、"蓝"12,"光泽度"值设置为 0.36,"细分"值设置为 12,如图 4-16 所示。

5. 选择墙体附于材质。

4.2.2 大理石材质调节

1. 打开"材质编辑器",选择"材质球"。

2. 将其命名为"大理石",并在"Standard"中选择"VRayMtl",点"确定"。

3. "漫射"中点击漫射颜色选择器后方的方块,选择"位图",并选择"大理石贴图",如图 4-17、图 4-18 所示。

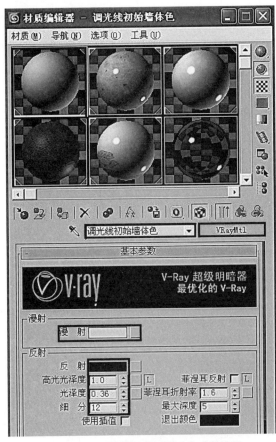
图 4-16 "调光线初始墙体色"参数设置

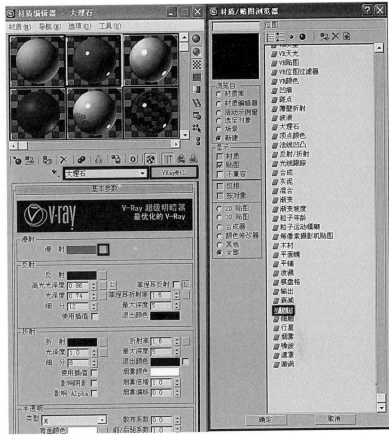
图 4-17 "大理石"贴图设置

图 4-18 "大理石"位图文件选择

4. "反射"颜色参数设置为"红"36、"绿"36、"蓝"36,点击"高光光泽度方块"后的"L","高光光泽度"值设置为0.86,"光泽度"值设置为0.74,"细分"值设置为12,如图4-19所示。

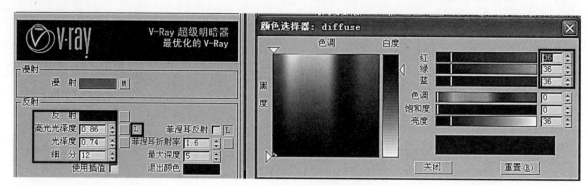

图4-19 大理石材质参数设置

4.2.3 门窗材质调节

1. 打开"材质编辑器",选择"材质球"。
2. 将其命名为"门窗",并在"Standard"中选择"VRayMtl",点"确定"。
3. "漫射"颜色参数设置为"红"252、"绿"252、"蓝"252。
4. "反射"颜色参数设置为"红"22、"绿"22、"蓝"22,点击"高光光泽度方块"后的"L","高光光泽度"值设置为"0.82","光泽度"值设置为0.86,"细分"值设置为13,如图4-20所示。
5. 选择门窗物体,将其赋予材质。

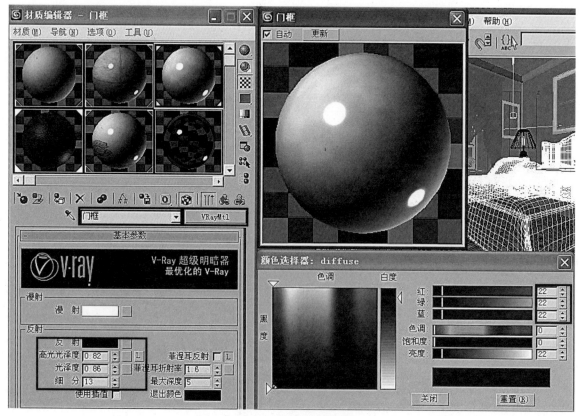

图4-20 门窗材质参数设置

4.2.4 白色乳胶漆材质调节

1. 打开"材质编辑器",选择"材质球"。
2. 将其命名为"乳胶漆",并在"Standard"中选择"VRayMtl",点"确定"。
3. "漫射"颜色参数设置为"红"255、"绿"255、"蓝"255。
4. "反射"颜色参数设置为"红"12、"绿"12、"蓝"12,"光泽度"值设置为0.36,"细分"值设置为12,如图4-21所示。
5. 选择门窗附于材质。

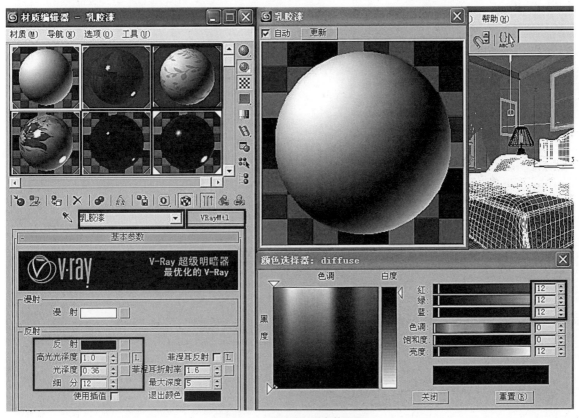

图4-21 乳胶漆材质参数设置

4.2.5 木地板材质调节

1. 打开"材质编辑器",选择"材质球"。
2. 将其命名为"木地板",并在"Standard"中选择"VR材质包囊器",点"确定"。
3. 基本材质选择"VRayMtl",如图4-22所示。
4. 将其命名为"地板",并在"Standard"中选择"VRayMtl",点"确定"。
5. "漫射"设置添加一张"地板贴图"。
6. "反射"颜色参数设置为"红"31、"绿"31、"蓝"31,添加选项"衰减","高光光泽度"值设置为0.85,"光泽度"值设置为0.84,"细分"值设置为12,如图4-23所示。
7. 在"贴图控制面板"中将"漫射贴图"复制到"凹凸"中,"凹凸"值设置为60.0,如图4-24所示。
8. 选择地板,附于材质。

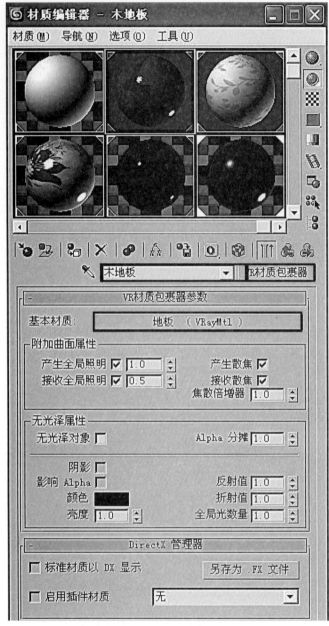

图 4-22 "材质编辑器－木地板"对话框

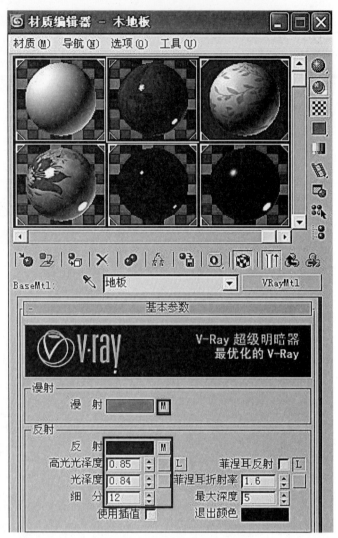

图 4-23 木地板材质参数设置

图 4-24 "凹凸"设置

4.2.6 壁纸材质调节

1．打开"材质编辑器"，选择"材质球"。

2．将其命名为"壁纸"，并在"Standard"中选择"VR材质包囊器"，点"确定"。

3．"基本材质"中选择"VRayMtl"，"接收全剧照明"值设置为1.5，如图4-25所示。

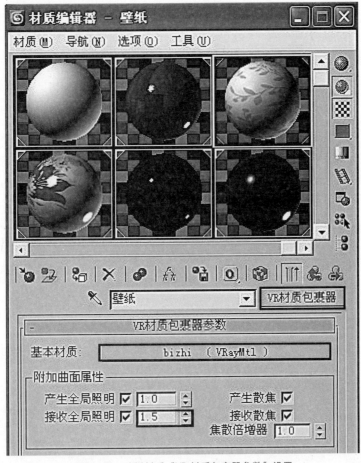

图4-25 壁纸材质"VR材质包裹器参数"设置

4．在"Standard"中选择"VRayMtl"，点"确定"。

5．"漫射"中添加一张"壁纸贴图"。

6．"反射"颜色参数设置为"红"11、"绿"11、"蓝"11，"光泽度"值设置为0.76，"细分"值设置为12，勾选"菲涅耳反射"，如图4-26所示。

7．选择墙体，附于材质。

4.2.7 床头真皮材质调节

1．打开"材质编辑器"，选择"材质球"。

2．将其命名为"床头真皮"，并在"Standard"中选择"VRayMtl"，点"确定"。

3．"漫射"中添加一张"木纹贴图"。

4．"反射"颜色参数设置为"红"14、"绿"14、"蓝"14，"高光光泽度"值设置为0.61，"光泽度"值设置为0.81，"细分"值设置为8，如图4-27所示。

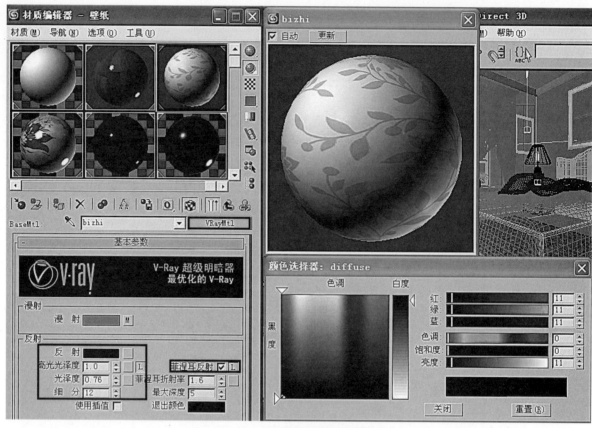

图 4-26 壁纸材质参数设置

图 4-27 床头木纹材质参数设置

5. 在"贴图控制面板"中将"漫射贴图"复制到"凹凸"中,"凹凸"值设置为60～80,在"环境"中添加"Output",如图4-28所示。

6. 选择床头附于材质。

4.2.8 陶瓷材质调节

1. 打开"材质编辑器",选择"材质球"。

2. 将其命名为"陶瓷",并在"Standard"中选择"VRayMtl",点"确定"。

3. "漫射"颜色参数设置为"红"254、"绿"254、"蓝"254,添加一张"花纹贴图"。

4. "反射"颜色参数设置为"红"38、"绿"38、"蓝"38,"高光光泽度"值设置为0.8,"光泽度"值设置为0.85,"细分"值设置为10,如图4-29所示。

5. 选择花瓶附于材质。

图4-28 床头木纹材质凹凸选项设置

图4-29 陶瓷材质参数设置

4.2.9 踢脚线材质调节

1. 打开"材质编辑器",选择"材质球"。
2. 将其命名为"踢脚线",并在"Standard"中选择"VRayMtl",点"确定"。
3. "漫射"颜色参数设置为"红"231、"绿"231、"蓝"231,添加"衰减"并在衰减中添加2张"衰减贴图",如图4-30所示。

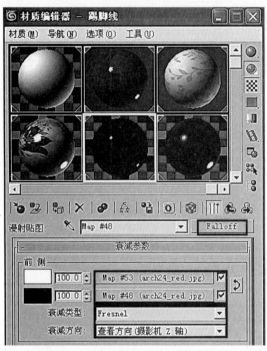

图 4-30 踢脚线材质"衰减参数"设置

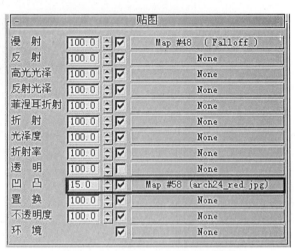

图 4-32 踢脚线材质"凹凸"选项设置

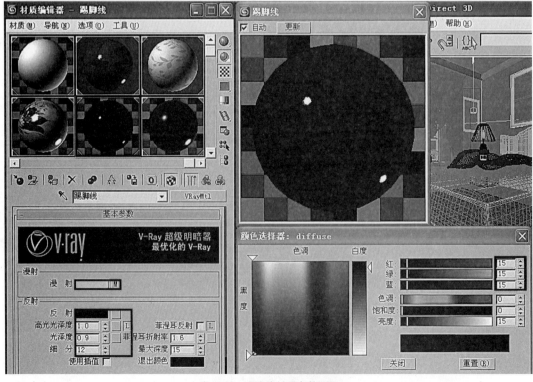

图 4-31 踢脚线材质参数设置

4."反射"颜色参数设置为"红"15、"绿"15、"蓝"15,"光泽度"值设置为0.9,"细分"值设置为12,如图4-31所示。

5."贴图"中"凹凸"选项中添加一个"纹理贴图"数值设置为15,如图4-32所示。

6.选择踢脚线,附于材质。

4.2.10 画框材质调节

1.打开材质"编辑器",选择"材质球"。

2.将其命名为"画框",并在"Standard"中选择"VRayMtl",点"确定"。

3."漫射"添加一张"木纹贴图"。

4."反射"颜色参数设置为"红"25、"绿"25、"蓝"25,"高光光泽度"值设置为0.78,"光泽度"值设置为0.85,"细分"值设置为12。"反射"添加"衰减"选项,上面颜色参数设置为"红"0、"绿"0、"蓝"0,下面颜色参数设置为"红"200、"绿"200、"蓝"200,如图4-33、图4-34所示。

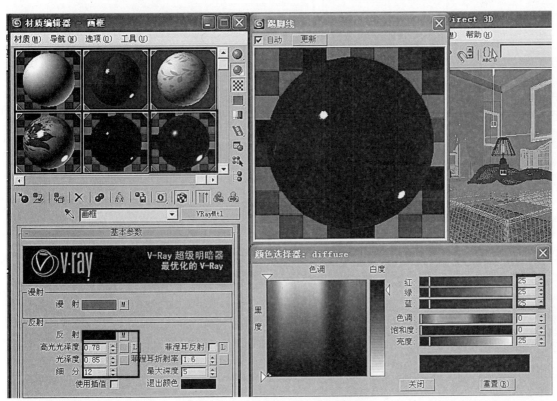

图4-33 画框材质"反射"参数设置

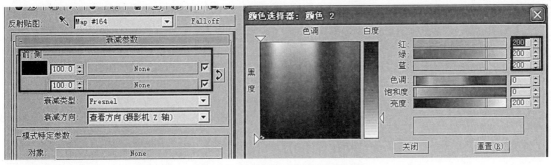

图4-34 画框材质"衰减"参数设置

5. "贴图"中"凹凸"选项添加一个"纹理贴图"数值设置为30,如图4-35所示。

6. 选择画框,附于材质。

4.2.11 窗帘材质调节

1. 打开"材质编辑器",选择"材质球"。

2. 将其命名为"窗帘",如图4-36所示。

3. 在"Blinn基本参数"里"漫反射"选项添加"遮罩","贴图"添加"衰减",如图4-37所示。在"衰减"里上面框添加"窗帘布料贴图",返回"遮罩"在遮罩里添加"衰减",在"衰减"里上面框添加"窗帘布料贴图",如图4-38所示。返回"基本参数",勾选"自发光"并添加"衰减",返回"基本参数"中"不透明"改为90。

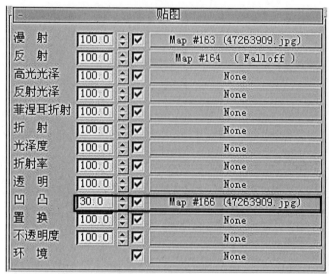

图4-35 画框材质"凹凸"选项设置

图4-37 窗帘材质"遮罩参数"设置

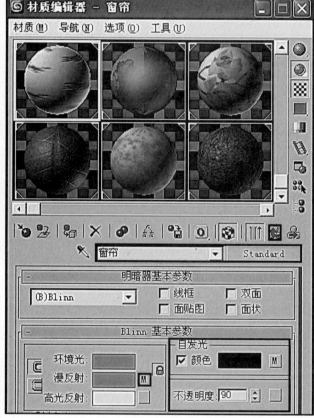

图4-36 "窗帘材质编辑器"对话框

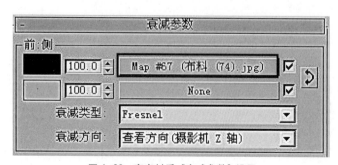

图4-38 窗帘材质"衰减参数"设置

4. "贴图"中勾选"凹凸"选项,添加一张"纹理贴图",如图4-39所示。

5. 选择窗帘,并附于材质。

4.2.12 透明窗帘材质调节

1. 打开"材质编辑器",选择"材质球"。

2. 将其命名为"透明窗帘",并在"Standard"中选择"混合",点"确定",如图4-40所示。

3. 点击"材质1",并在"Standard"中选择"VRayMtl",点"确定"。"漫反射"颜色参数设置为"红"251、"绿"251、"蓝"251。

4. 在"折射中"添加"衰减"选项,"衰减参数"上面方块设置为"红"223、"绿"217、"蓝"247。"衰减类型"选择"垂直/平行",如图4-41所示。

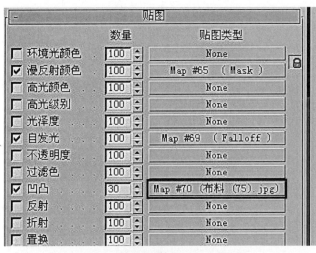

图4-39 窗帘材质"凹凸"选项设置

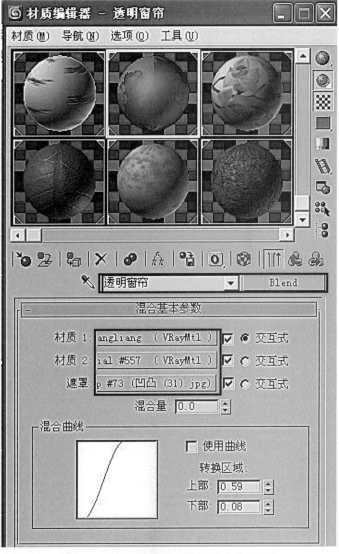

图4-41 透明窗帘材质"衰减参数"设置

图4-40 透明窗帘材质"混合基本参数"设置

5. 点击"材质2",并在"Standard"中选择"VRayMtl",点"确定"。"漫反射"颜色参数设置为"红"250、"绿"250、"蓝"250。

6. 在"折射"中添加"衰减"选项,"衰减"参数上面方块颜色参数设置为"红"233、"绿"229、"蓝"248。"衰减类型"选择"垂直/平行"。

7. 在"混合曲线"中鼠标放在上面的点后,右击鼠标勾选"Bezier-角点",移动支点,如图4-42所示。

8. 在"遮罩"中选择"位图",添加一张"贴图"后将"平铺"设置U:5.0,V:2.0,如图4-43所示。

9. "混合曲线"中"上部"值设置为0.59,"下部"值设置为0.08,如图4-44所示。

10. 选择纱窗窗帘附于材质。

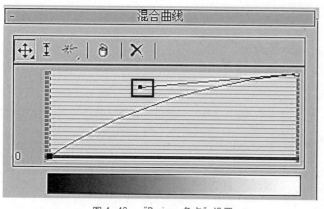

图4-42 "Bezier-角点"设置

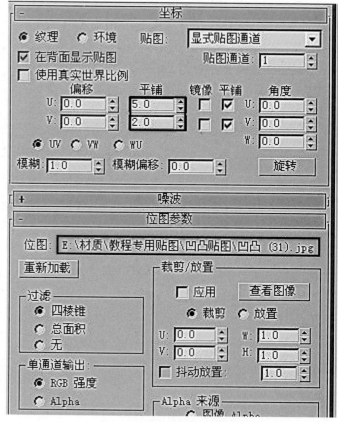

图4-43 遮罩"位图"参数设置

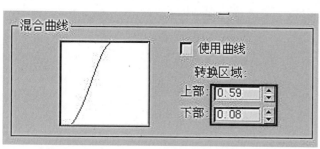

图4-44 透明窗帘"混合曲线"设置

4.2.13 壁画材质调节

1. 打开"材质编辑器",选择"材质球"。

2. 将其命名为"壁画",并在"Standard"中选择"VRayMtl",点"确定"。

3. "漫反射"添加"位图",选择一张"壁画贴图",如图4-45所示。

4.2.14 台灯材质调节

1. 打开"材质编辑器",选择"材质球"。

2. 将其命名为"台灯花纹",并在"Standard"中选择"VRayMtl"。

3. "漫反射"添加"位图",选择一张"花瓷贴图"。

4. "反射"颜色参数设置为"红"43、"绿"43、"蓝"43,"高光光泽度"值设置为0.91,如图4-46所示。

5. 选择台灯座附于材质。

4.2.15 花篮材质调节

1. 打开"材质编辑器",选择"材质球"。

2. 将其命名为"花篮",并在"Standard"中选择"VRayMtl"。

3. "漫反射"添加"位图",选择一张"花篮材质贴图"。

4. "反射"颜色参数设置为"红"16、

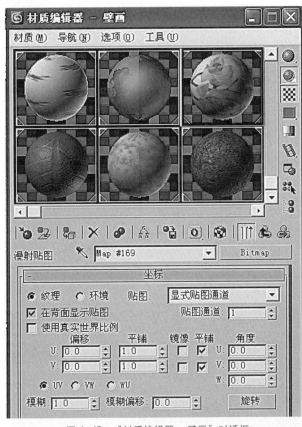

图4-45 "材质编辑器-壁画"对话框

图4-46 台灯花纹材质参数设置

"绿"16、"蓝"16,"高光光泽度"值设置为0.85。"光泽度"值设置为0.73。

5."贴图"中添加一张"凹凸贴图","凹凸值"设置为60.0,"不透明度"添加一张"贴图",数值为20.0,如图4-47所示。

6.选择花篮附于材质。

4.2.16 泥土材质调节

1.打开"材质编辑器",选择"材质球"。

2.将其命名为"泥土",并在"Standard"中选择"VRayMtl"。

3."漫反射"添加"位图",选择一张"泥土材质贴图"。

4."反射"颜色参数设置为"红"5、"绿"5、"蓝"5,"光

图4-47 花篮材质"贴图"设置

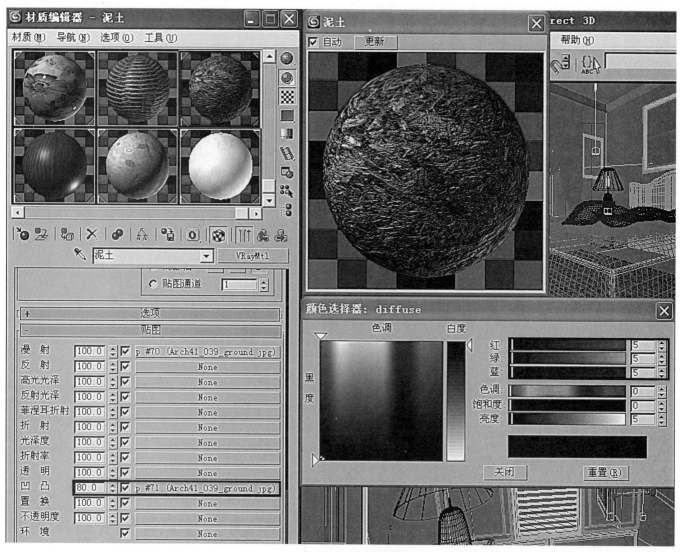

图4-48 泥土材质参数设置

泽度"值设置为0.12。

5．"贴图"中添加一张"凹凸贴图"，"凹凸"值设置为80.0，如图4-48所示。

6．选择花篮中的泥土附于材质。

4.2.17 发财树叶材质调节

1．打开"材质编辑器"，选择"材质球"。

2．将其命名为"发财树叶"，并在"Standard"中选择"VRayMtl"。

3．"漫反射"添加"位图"，选择一张"树叶材质贴图"。

4．"反射"颜色参数设置为"红"14、"绿"14、"蓝"14，"高光光泽度"值设置为0.57，"光泽度"改为0.74。

5．"贴图"中添加一张"凹凸贴图"，"凹凸"值设置为30.0，如图4-49所示。

6．选择发财树叶附于材质。

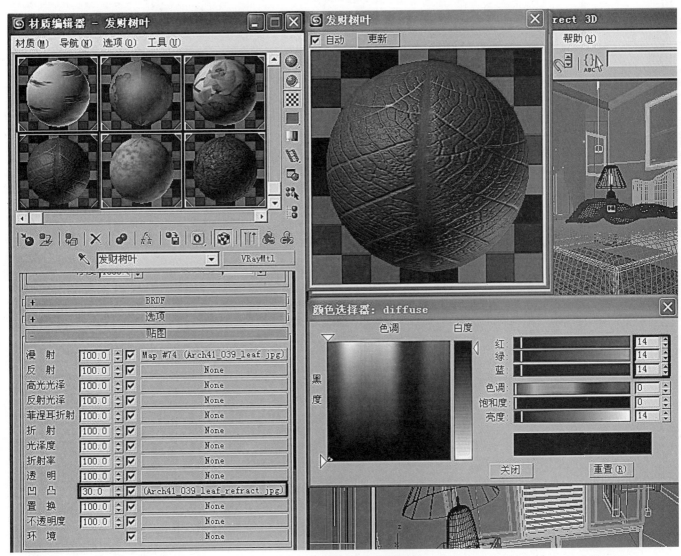

图4-49 发财树叶材质参数设置

4.2.18 吊灯材质调节

1. 打开"材质编辑器",选择"材质球"。
2. 将其命名为"吊灯",并在"Standard"中选择"VRayMtl"。
3. "漫反射"添加"位图",选择一张"材质贴图"。
4. "反射"颜色参数设置为"红"13、"绿"13、"蓝"13,"高光光泽度"值设置为1.0,"光泽度"值设置为1.0。
5. "折射"颜色参数设置为"红"56、"绿"56、"蓝"56,"光泽度"为1.0,如图4-50所示。
6. "贴图"中添加一张"凹凸贴图","凹凸"值设置为2.0。
7. 选择吊灯附于材质。

图4-50 吊灯材质参数设置

4.2.19 树干材质调节

1. 打开"材质编辑器",选择"材质球"。
2. 将其命名为"树干",并在"Standard"中选择"VRayMtl"。
3. "漫反射"添加"位图",选择一张"材质贴图"。
4. "反射"颜色参数设置为"红"5、"绿"5、"蓝"5,"光泽度"值设置为0.46,如图4-51所示。
5. "贴图"中添加一张"凹凸贴图","凹凸"值设置为50.0。

图 4-51 树干材质参数设置

4.2.20 树叶材质调节

1. 打开"材质编辑器",选择"材质球"。
2. 将其命名为"树叶",并在"Standard"中选择"VRayMtl"。
3. "漫反射"添加"位图",选择一张"材质贴图"。
4. "反射"颜色参数设置为"红"20、"绿"20、"蓝"20,"高光光泽度"值设置为0.66,"光泽度"值设置为0.74,如图4-52所示。
5. "贴图"中添加一张"凹凸贴图","凹凸"值设置为50.0。

图 4-52 叶子材质参数设置

图 4-53 枕头材质"衰减参数"设置

图 4-54 枕头材质"贴图"设置

4.2.21 枕头材质调节

1. 打开"材质编辑器",选择"材质球"。
2. 将其命名为"枕头",并在"Standard"中选择"VRayMtl"。
3. "漫反射"添加"衰减",在上面的框中添加一张"枕头的贴图",如图 4-53 所示。
4. "贴图"中添加一张"凹凸贴图","凹凸"值设置为 80.0,"环境"中添加"输出",如图 4-54 所示。
5. 选择枕头附于材质。

4.2.22 灯罩材质调节

1. 打开"材质编辑器",选择"材质球"。
2. 将其命名为"台灯灯罩"。
3. 在"漫反射"中添加一张"灯罩贴图"。
4. "Blinn 基本参数"中勾选"自发光",颜色值设置为"红"158、"绿"101、"蓝"27,"不透明"值设置为 79,如图 4-55 所示。

图 4-55 台灯灯罩材质

4.2.23 测试渲染

效果图材质已经基本完成了,检查一下是否每个材质都附于正确的物体上。进行测试渲染查看室内灯光照明的程度是否充足,如果有不满意的地方可以局部调整。

4.3 设置高级 VRay 参数与终极渲染

确定测试渲染以后，设置最终出图的高级 VRay 参数。检查好测试渲染图，参数较高，渲染时间较长。

1. 在"渲染器图像采样"中，"V-Ray：图像采样（反锯齿）"类型为"自适应细分"，"抗锯齿过滤器"勾选"开"，选择"Mitchell-Netravali"。

2. "V-Ray：发光贴图"中的"基本参数"，"最小比率"值设置为"-4"，"最大比率"值设置为"-1"，"模型细分"值设置为"60"，如图 4-56 所示。

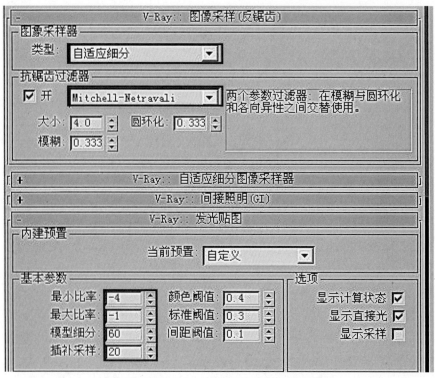

图 4-56　"V-Ray::图像采样（反锯齿）"命令面板

3. "V-Ray：灯光缓存"中，"细分"值设置为 800 ~ 1000，如图 4-57 所示。

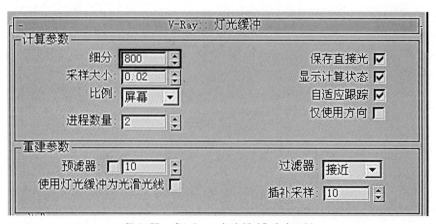

图 4-57　"V-Ray::灯光缓冲"命令面板

4. "V-Ray：rQMC 采样器中"，"适应"值设置为 0.7，"噪波阈值"值设置为 0.005，"最小采样值"值设置为 12。

5. "V-Ray：颜色映射"类型选择"指数"，"变暗倍增器"值设置为 1.2，"变亮倍增器"值设置为 1.3，其他参数不变，如图 4-58 所示。

最终渲染效果图，如图 4-59、图 4-60 所示。

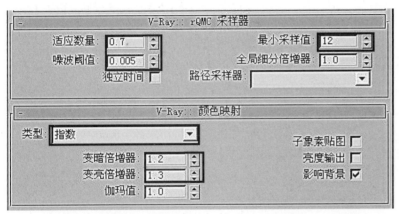

图 4-58 "V-Ray：rQMC 采样器"与"V-Ray：颜色映射"命令面板

图 4-59 渲染效果图一

图 4-60 渲染效果图二

第 5 章
案例教学之整套室内家居效果图制作

5.1 设置基础 VRay 参数和调制灯光参数

5.1.1 设置 VRay 基础参数

制作效果图时，应把 VRay 参数调为渲染参数，有利于观看效果图，提高渲染速度。

1. 公用中的基础参数修改

打开"渲染场景"，点击"公用"，在"公用参数"卷展栏中，输出大小可选择 320×200，图越小渲染速度越快，反之则越慢。"图像纵横比"1.60000 并"锁定"，如图 5-1 所示。

图 5-1 "图像纵横比"设置

在"指定渲染器"中产品级中选择"V-Ray Adv 1.5 RC3"渲染器并在材质编辑器上锁定,如图 5-2 所示。

图 5-2 "指定渲染器"命令面板

2. 渲染器中的基础参数修改

① "V-Ray:图像采样(反锯齿)",类型选择"固定",抗锯齿过滤器"勾选"关掉,如图 5-3 所示。

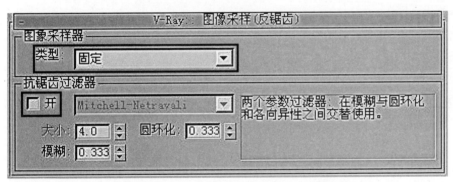

图 5-3 "V-Ray::图像采样(反锯齿)"命令面板

② "V-Ray:间接照明(GI)"中的"勾选"打开,并将"二次反弹"中的全局光引擎调整为"灯光缓冲模式",如图 5-4 所示。

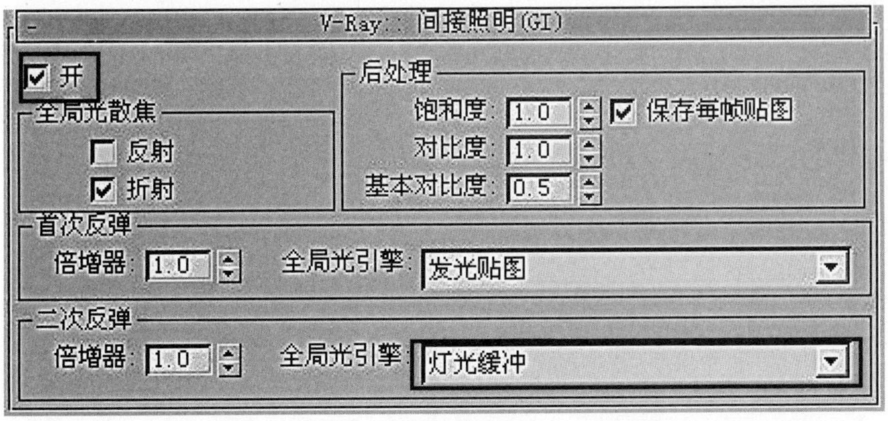

图 5-4 "V-Ray::间接照明(GI)"命令面板

③ "V-Ray：发光贴图"中，内设预制设置为"自定义"，"最小比率"值设置为 -6，"最大比率"值设置为 -5，"模型细分"值设置为 20，"插补采样"值设置为 20，如图 5-5 所示。

图 5-5 "V-Ray::发光贴图 [无名]"命令面板

④ "V-Ray：灯光缓冲"中，"细分"200，如图 5-6 所示。

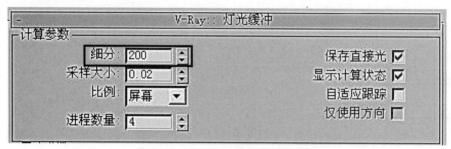

图 5-6 "V-Ray::灯光缓冲"命令面板

⑤ "V-Ray：rQMC 采样器"中，"适应数量"值设置为 0.85，"最小采样值"值设置为 8，"噪波阈值"值设置为 0.01，如图 5-7 所示。

图 5-7 "V-Ray::rQMC 采样器"命令面板

⑥ "V-Ray：系统"中的"VRay 日志"里，"显示窗口"的"勾选"去掉，如图 5-8 所示。

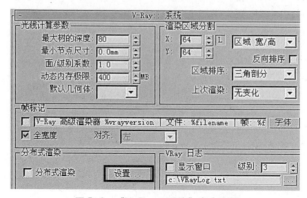

图 5-8 "V-Ray::系统"命令面板

5.1.2 初步灯光参数的调制

做日景室内效果图，考虑主要光线来源，因为这次场景包括门厅、客厅、餐厅、厨房、走廊，光线有阳光、天光、环境光、灯光。设计整套室内布局既要保证房间阴阳面的区别，又要保证房间的协调统一，对光线的要求必须严格，这样才能感觉室内为统一整套的设计。

1. 太阳光的调制

在"创建"面板中点击"灯光"，在"标准"灯光里点选"目标平行光"，如图5-9所示。

在顶视图、前视图、左视图中分别调好灯光的位子，（如图5-10、图5-11、图5-12所示）。

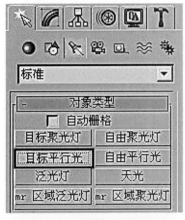

图5-9 创建"目标平行光"

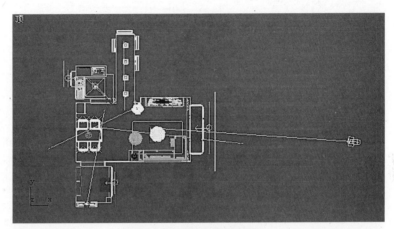

图5-10 顶视图灯光调整

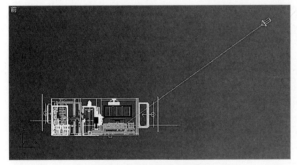

图5-11 前视图灯光调整

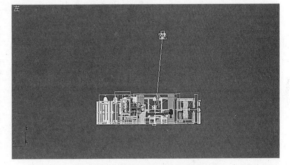

图5-12 左视图灯光调整

选择"灯光"，点击"修改面板"，在"常规参数"中"阴影"勾选启动，选择"VRay阴影"。"在强度／颜色／衰减"中倍增设置为2.0，"灯光颜色"设置为"红"243、"绿"253、"蓝"221，如图5-13所示。

图5-13 "强度／颜色／衰减"参数设置

"平行光参数"中"聚光区／参数改"设置为1686.0mm,"衰减区／区域"设置为2017.0mm,选择"矩形",如图5-14所示。

在"VRay 阴影参数"中勾选"光滑表面阴影","U、V、W"尺寸均为30.0mm,"细分"值设置为12,如图5-15所示。

2. 窗户照射光的调制

在"创建"面板中点击"灯光",将"标准"改换为"VRay",点选"VRay 灯光",如图5-16所示。

 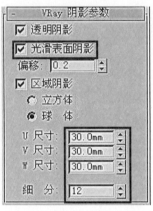 

图5-14 "平行光参数"设置　　图5-15 "VRay 阴影参数"设置　　图5-16 创建窗户照射光

在场景中有窗户的地方都创建灯光来代替环境光,创建灯区其大小要略大图中窗户的大小(由于摄像机与窗户、灯光的角度不同,为了更好地将光源覆盖到整个窗户,所以灯区要略大于窗户,并覆盖窗户即可)。调节灯光照射的方向,箭头指向室内,如图5-17所示。

环境光受周围的物体影响,光线的颜色、强弱都有些差别,所以调节时也应有所不同。

首先是客厅窗外的灯光,点击"修改面板","强度"选项中的"颜色"参数设置为"红"194、"绿"203、"蓝"249,"倍增器"值设置为6.0,选项中勾选"不可见",如图5-18所示。

图5-17 窗户照射光示意　　图5-18 客厅窗户照射光参数设置

厨房窗外的灯光，点击"修改面板"，"强度"选项中的"颜色"参数设置为"红"215、"绿"186、"蓝"249，"倍增器"值设置为4.0,选项中勾选"不可见"，如图5-19所示。

储藏室窗户的灯光，点击"修改面板"，"强度"选项中的"颜色"参数设置为"红"208、"绿"208、"蓝"251，"倍增器"值为5.0，选项中勾选"不可见"，如图5-20所示。

3. 目标点光源（射灯）的调制

在"创建"面板中点击"灯光"，将"标准"改换为"光度学"，点选"目标点光源"，在前视图走廊处创建灯光，切换至顶视图移动至射灯模型处即可，如图5-21所示。

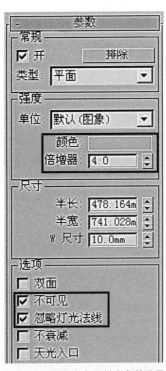 

图5-19 厨房窗户照射光参数设置　　图5-20 储藏室窗户照射光参数设置

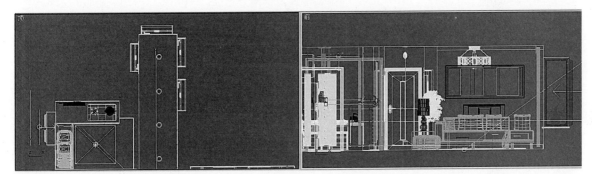

图5-21 创建"目标点光源"

点击修改面板，在"常规参数"阴影中勾选"启用"，选择"VRay阴影"。在"强度/颜色/分布"中 分布选择"Web"。"强度"中"cd"值设置为1600.0。在"Web参数"下"Web文件"中选择一个合适的"光域网文件"，如图5-22所示。

图5-22 "目标点光源"参数设置

在"顶视图"中选择"目标点光源",打开移动工具,按住键盘中的"Shift",沿 Y 轴向下拖动到第二个射灯模型处松手,然后弹出一个"克隆选项"对话框在对象中选择"实例","副本数"选择 3 个,然后点击"确定",如图 5-23 所示。

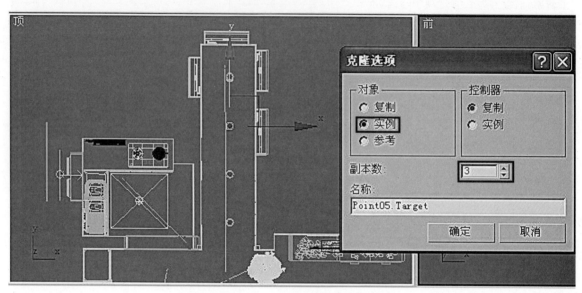

图 5-23 "目标点光源"复杂

4．补光调节

由于厨房窗户小,只靠环境光不能充足的起到照明措施,这需要手动的打一盏辅助光源,在"创建"面板中点击"灯光",将"标准"改换为"VRay",点选"VR 灯光",在视图中创建 VR 面光源,调节灯光位子。VRay 灯光"颜色"参数设置改为"红"186、"绿"189、"蓝"254,"倍增器"值设置为 4.0,选项中勾选"不可见",如图 5-24 所示。

5.2 附着 VRay 材质与测试渲染

5.2.1 木纹材质

在室内空间中,可见的木质纹理的家具与装饰材质有很多,例如：实木地板、实木家具、实木门等。其设置时候的"材质球"大多大同小异,他们的设置选项与参数基本相同,只是更换了不同的材质贴图。

其设置如下：

1．打开"材质编辑器",选择"材质球"。

2．将其命名为"木纹材质",并在"Standard"中选择"VRayMtl",点"确定"。

图 5-24 厨房辅助光源的创建

3. "漫射"选项中添加一张"木纹贴图"。

4. "反射"颜色参数设置为"红"47、"绿"47、"蓝"47,"高光光泽度"值设置为0.85,"光泽度"值设置为0.86,"细分"值设置为12。

注意:在"反射"后面的颜色框后选择"衰减",在其下面的"衰减类型"中首先要把默认的"黑"和"白"两种颜色调整为"黑"和"灰",以此来降低反射效果;最后,一定要选择"Fresnel"(菲涅耳反射),这样会进一步增加木纹的磨砂质感,如图5-25所示。

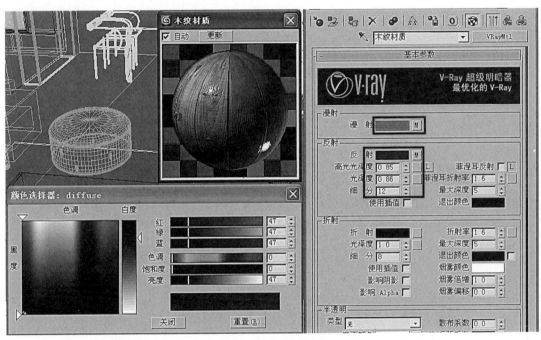

图 5-25 木纹材质参数设置

5. 在"贴图"中,按住"漫射"中的"贴图"拖到"凹凸"处松手,选择"实例",点击"确定","凹凸"值设置为30.0,如图5-26所示。

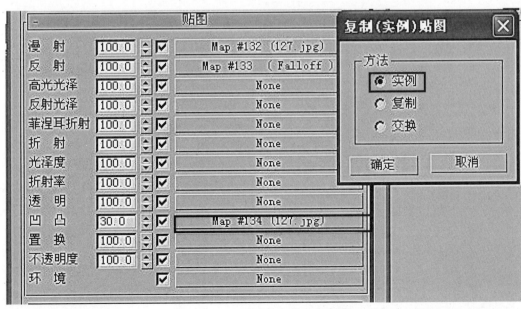

图 5-26 木纹材质"贴图"选项设置

6. 选择木质材质附于相应的材质。

7. 本案例中如木质地板，木质门窗框，电视柜等制作方法相同，只是适量的更换"贴图"、"反射值"与"凹凸值"即可。

5.2.2 石质材质

石质材料中最常见的就是大理石地砖、普通的人工烧制的地砖，而根据光滑程度又可分为抛光地砖、亚光地砖。

1. 打开"材质编辑器"，选择"材质球"。

2. 将其命名为"石质材质"，并在"Standard"中选择"VrayMtl"，点"确定"。

3. "漫射"选项添加一张"石质材质贴图"

4. "反射"颜色参数设置为"红"42、"绿"42、"蓝"42，"高光光泽度"值设置为0.8，"光泽度"值设置为0.86，"细分"值设置为12。

注意：如果设置的是抛光地砖，"反射"的颜色（红、绿、蓝）可调制到30～80左右，或者选择"衰减"贴图，在其下面的"衰减类型"中，选择"Fresnel"（菲涅耳反射）。而当要调节亚光地砖时，只需要在抛光地砖的基础上将"光泽度"设置为0.85，以此来形成模糊反射，如图5-27所示。

5. 在"贴图"中"凹凸"里添加一张"纹理贴图"，"凹凸"设置值为30.0。

注意：最快捷的方法是将"漫射"的贴图用鼠标左键点中不放，直接拖拽到"凹凸"的贴图（None）里去，如图5-28所示。

6. 选择石材附于相应的材质。

7. 本案例中与厨房地砖等制作方法相同，只是适当的更换"贴图"、"反射值"与"凹凸值"即可。

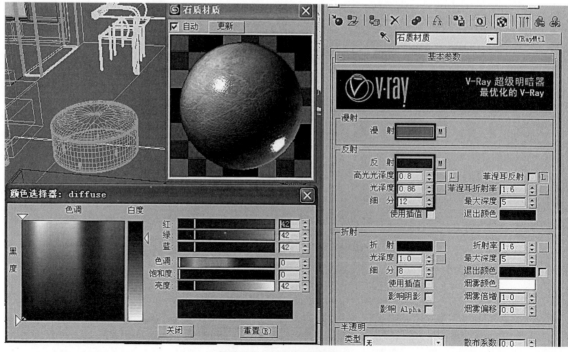

图5-27 石质材质参数设置

5.2.3 玻璃材质

玻璃大致可分为清玻璃、裂纹玻璃、有色玻璃、磨砂玻璃等,在室内家居中随处可见。

1. 打开"材质编辑器",选择"材质球"。

2. 将其命名为"玻璃材质",并在"Standard"中选择"VrayMtl",点"确定"。

3. "漫射"颜色参数设置为"红"0、"绿"0、"蓝"0。

注意:清玻璃等的"漫射"颜色可以调成灰色(即红、绿、蓝都在126左右);如果是有色玻璃,在后面的颜色框中调节适当的颜色即可。

4. "反射"颜色参数设置为"红"255、"绿"255、"蓝"255,并添加"衰减","光泽度"值设置为0.98,"细分"值设置为3。

注意:清玻璃等的稍微给一点"反射"红、绿、蓝颜色都在30左右;有色玻璃"反射"红、绿、蓝颜色都在215左右,此时勾选后面的"菲涅耳反射","反射"将产生具有真实世界的玻璃反射效果。

5. "折射"颜色参数设置为"红"230、"绿"230、"蓝"230,"折射率"值设置为1.517,"细分"值设置为50。

注意:有色玻璃"反射"红、绿、蓝颜色都在245左右,"烟雾倍增"值设置为0.2,其实,有色玻璃的漫射色是黑色、灰色、还是彩色,在这里并不重要,重点在于烟雾的颜色、烟雾倍增的配合调节;

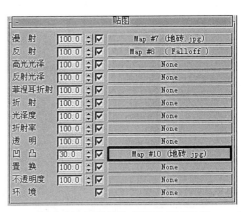

图 5-28 石质材质"贴图"选项设置

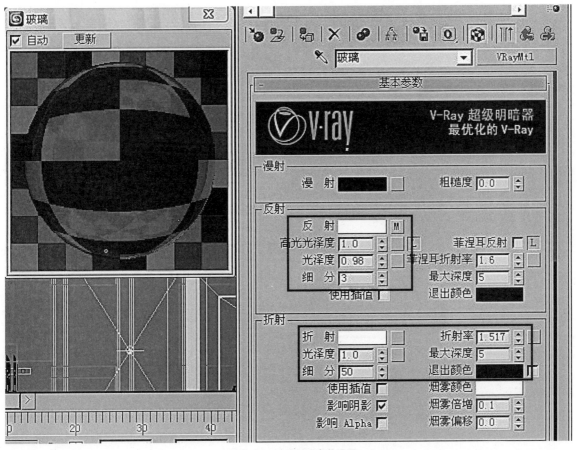

图 5-29 玻璃材质参数设置

当在"VRayMtl"调节窗玻璃时,结果会产生室内不透光的现象,其解决方法是勾选"影响阴影",如图5-29所示。

6. 选择玻璃材质附于相应的材质。

7. 本案例中与餐桌桌面、电视屏幕等制作方法相同。

注意:磨砂玻璃的调制是在清玻璃的基础上,在"凹凸通道"添加"噪波贴图"选项;裂纹玻璃的调制是在清玻璃的基础上,在"凹凸通道"添加"冰裂图案"选项。

5.2.4　金属材质

像不锈钢、烙铁等金属属于高反光的材质,也就是说环境对它的影响很大。因此,要改变不锈钢的重点是环境,而不是它本身,即有环境才会反射出东西来。

1. 打开"材质编辑器",选择"材质球"。

2. 将其命名为"金属材质",并在"Standard"中选择"VrayMtl",点"确定"。

3. "漫射"颜色参数设置为"红"119、"绿"119、"蓝"119。

4. "反射"颜色参数设置为"红"177、"绿"177、"蓝"177,"光泽度"值设置为0.8,"细分"值设置为2。

注意:"反射"的颜色一般应该为半灰色(如红、绿、蓝的色值在180左右),其颜色越白,那么它的反射也就越强。"高光光泽度"的使用上需要注意,当其后面的"L"关掉时(即前面的字变灰),调出来的金属比较"暗",反之,打开则会调节出比较"亮"一些的金属,如图5-30所示。

5. 选择金属材质附于材质

6. 例如金属把手、射灯等都可按此设置。

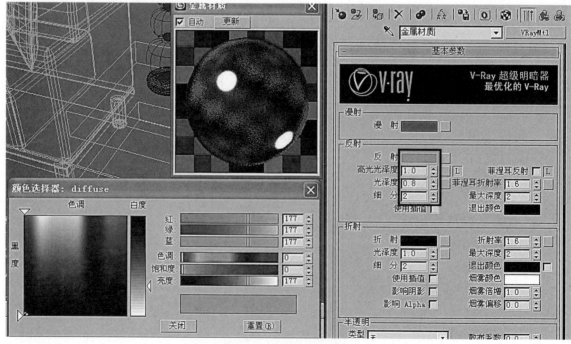

图5-30　金属材质参数设置

5.2.5 透明材质

1. 打开"材质编辑器",选择"材质球"。
2. 将其命名为"透明材质",并在"Standard"中选择"VrayMtl",点"确定"。
3. "漫射"颜色参数设置为"红"247、"绿"213、"蓝"123。
4. "反射"颜色参数设置为"红"56、"绿"56、"蓝"56,"光泽度"值设置为0.51,"细分"值设置为8。
5. "折射"颜色参数设置为"红"31、"绿"31、"蓝"31,"光泽度"值设置为1,"细分"值设置为8,如图5-31所示。
6. 选择灯罩附于材质。

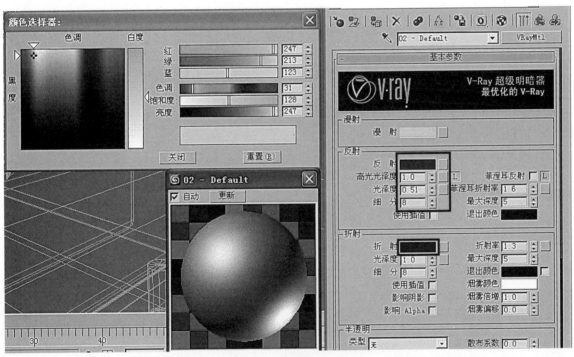

图5-31 透明材质参数设置

5.2.6 布料材质

在表现布料材质的时候,常常会用到"衰减贴图"和"凹凸贴图",这样可以真实地模拟出布料表面的细小绒毛的纹理质感,给人一种柔软舒适的感觉。

1. 打开"材质编辑器",选择"材质球"。
2. 将其命名为"布料材质"。
3. "明暗器基本参数"中"(B) Blinn"改为"(O) Oren-Nayar-Blinn",如图5-32所示。
4. 在"漫反射"中添加"遮罩",在"遮罩参数"的"贴图"中添加"衰减",第一个用"位图"添加一张"布料贴图","衰减类型"选择"Fresnel"(菲涅耳反射);在"遮罩参数"里"遮罩"里添加"衰减"同样添加一

图5-32 布料材质"明暗器基本参数"设置

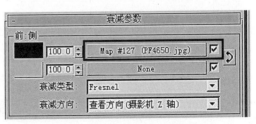

图5-33 布料材质"衰减参数"设置

张"布料贴图",如图 5-33 所示。

5."自发光"中添加"遮罩","遮罩"中的"贴图"和"遮罩"都添加"衰减"。"贴图"中的"衰减类型"选择"Fresnel"(菲涅耳反射),"遮罩"中的"衰减类型"选择"阴影/灯光",如图 5-34 所示。

6. 选择布料附于沙发等该材质。

5.2.7 壁纸挂画材质

1. 打开"材质编辑器",选择"材质球"。

2. 将其命名为"墙纸",并在"Standard"中选择"VRayMtl",点"确定"。

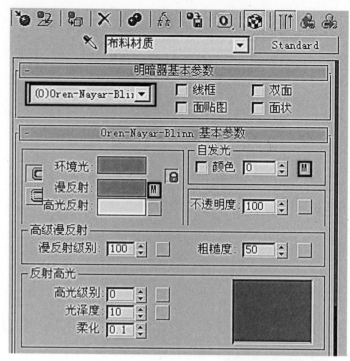

图 5-34 布料材质"Oren-Nayar-Blinn 基本参数"设置

3."漫射"添加一张"壁纸贴图"。

4."反射"颜色参数设置为"红"12、"绿"12、"蓝"12,"高光光泽度"值设置为 1.0,"光泽度"值设置为 0.36,"细分"值设置为 12,如图 5-35 所示。

5. 选择墙体附于材质。

6. 本案例中如装饰画等制作方法相同,只是适量的更换"贴图",与"反射值"即可。

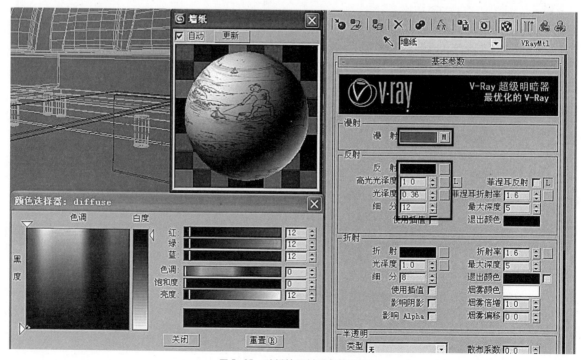

图 5-35 壁纸挂画材质参数设置

5.2.8 植物材质

1. 打开"材质编辑器",选择"材质球"。
2. 将其命名为"发财树叶",并在"Standard"中选择"VrayMtl",点"确定"。
3. 漫射添加一张"树叶贴图"。
4. "反射"颜色参数设置为"红"14、"绿"14、"蓝"14,"高光光泽度"值设置为0.57,"光泽度"值设置为0.74,"细分"值设置为8,如图5-36所示。
5. 选择树叶附于材质。

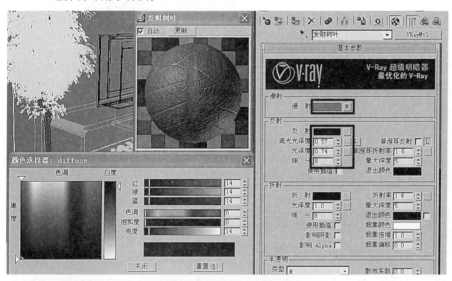

图 5-36 植物材质参数设置

5.2.9 塑料材质

1. 打开"材质编辑器",选择"材质球"。
2. 将其命名为"塑料材质",并在"Standard"中选择"VRayMtl",点"确定"。
3. "漫射"颜色参数设置为"红"255、"蓝"255、"绿"255。
4. "反射"颜色参数设置为"红"43、"绿"43、"蓝"43,"光泽度"值设置为0.84,"细分"值设置为8,如图5-37所示。
5. 选择塑料附于材质。

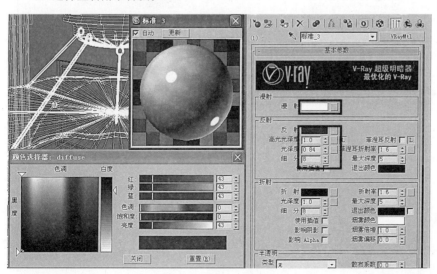

图 5-37 塑料材质参数设置

5.2.10 陶瓷瓷砖材质

陶瓷瓷砖材质在室内的装饰装修中使用的非常频繁，几乎处处可见，例如：花瓶、餐具、洁具、瓷砖等，陶瓷制品具有明亮的光泽，其表面光洁均匀、质地晶莹。

1．打开"材质编辑器"，选择"材质球"。

2．将其命名为"瓷砖材质"，并在"Standard"中选择"VrayMtl"，点"确定"。

3．"漫射"添加一张"瓷砖纹样贴图"。

注意：如果喜欢单色的陶瓷质感，可在"漫射"后的颜色框内选择自己喜欢的陶瓷颜色。

4．"反射"颜色参数设置为"红"42、"绿"42、"蓝"42，并添加"衰减"选项，"高光光泽度"值设置为 0.8，"光泽度"值设置为 0.86，"细分"值设置为 12。

注意："反射"的灰色值设置（红、绿、蓝）一般在 40～50 之间，如果使用"衰减"，在其下面的"衰减类型"中，选择"Fresnel"（菲涅耳反射），如图 5-38 所示。

5．如果是瓷砖，可以在"贴图"中的"凹凸"添加一张"纹理贴图"，值为 30.0～50.0，这样能够显现出瓷砖之间的凹槽。

6．选择瓷砖附于材质。

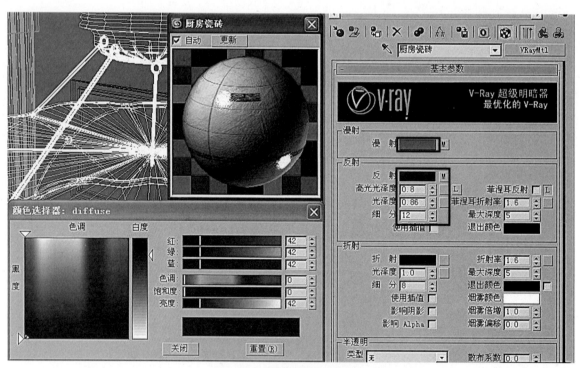

图 5-38　瓷砖材质参数设置

5.2.11 油漆材质

1．打开"材质编辑器"，选择"材质球"。

2．将其命名为"绿色油漆"，并在"Standard"中选择"VRayMtl"，点"确定"。

3．"漫射"颜色参数设置为"红"151、"绿"184、"蓝"128。

4."反射"颜色参数设置为"红"47、"绿"47、"蓝"47,并添加"衰减","高光光泽度"值设置为0.85,"光泽度"值设置为0.87,"细分"值设置为12,如图5-39所示。

5. 选择油漆材质附于材质。

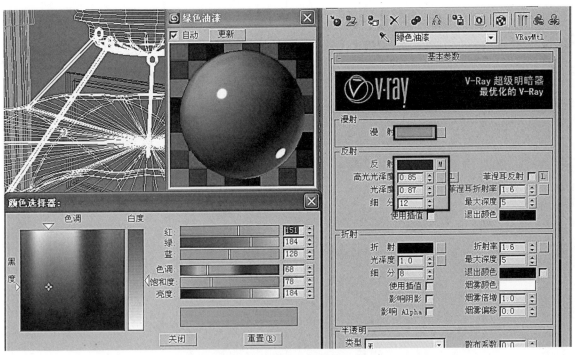

图 5-39 绿色油漆材质参数设置

5.2.12 灯光材质

像室外的风景和室内的正在发光的灯泡常要使用"VRay 灯光材质"来制作,其整个材质与3Ds Max中的自发光材质类似,可以通过"颜色框"后面的参数调整图像的亮度。

1. 打开"材质编辑器",选择"材质球"。

2. 将其命名为"灯光材质",并在"Standard"中选择"VRay 灯光材质",点"确定"。

3. "颜色"参数设置为"红"254、"绿"239、"蓝"181,数值设置为1.2,如图5-40所示。

4. 选择物体附于材质。

注意:在设置场景的背景材质时,应选择与场景光照效果一致的背景图片。例如:要表现的是中午的光照,就要为背景选择一张阳光强烈的,中午时分的环境贴图。

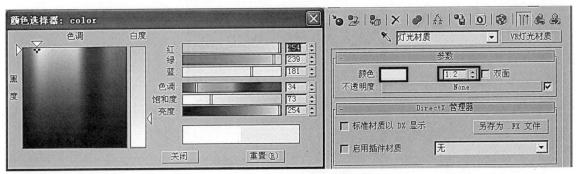

图 5-40 灯光材质参数设置

5.2.13 测试渲染

效果图材质已经基本完成了，检查一下是否每个材质都附着在正确的物体上。进行测试渲染查看室内灯光照明的程度是否充足，如果有不满意的地方可以局部调整。

5.3 设置高级 VRay 参数与终极渲染

确定测试渲染以后，设置最终出图的高级 VRay 参数。检查好测试渲染图，参数较高，渲染时间较长。

1. 在渲染器"V-Ray：图像采样（反锯齿）"中，"图像采样器类型"为"自适应细分"，"抗锯齿过滤器"勾选"开"，选择"Mitchell-Netravali"。

2. "V-Ray：发光贴图"中的基本参数，"最小比率"值设置为 -4，"最大比率"值设置为 -1，"模型细分"值设置为 60，如图 5-41 所示。

3. "V-Ray：灯光缓存"中，"细分"改为 800，如图 5-42 所示。

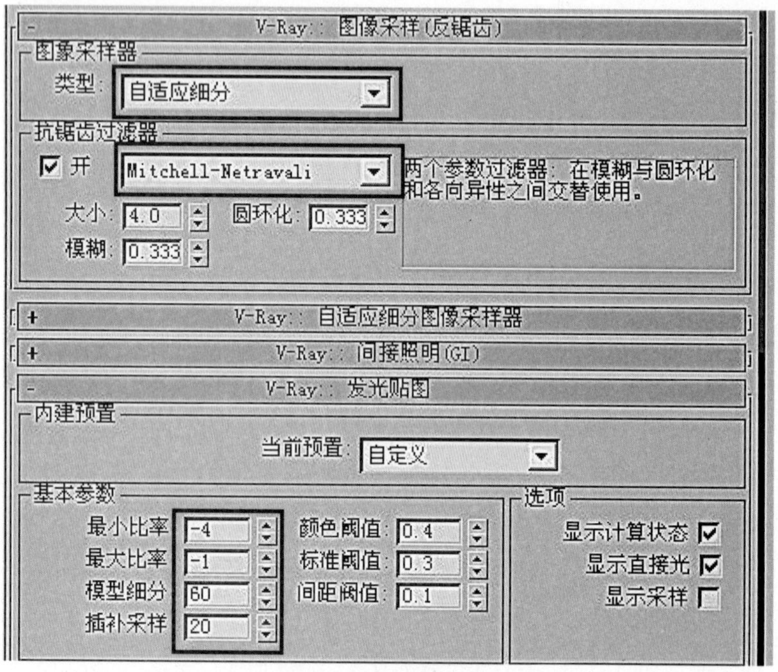

图 5-41 渲染器参数设置

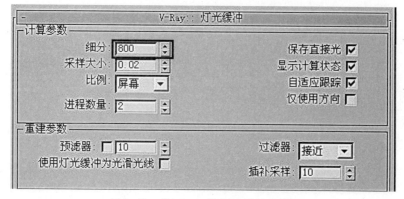

图 5-42 "V-Ray：灯光缓冲"命令面板

4."V-Ray：rQMC 采样器"中，"适应数量"值设置为 0.85，"噪波阈值"值设置为 0.01，"最小采样"值设置为 8。

5."V-Ray：颜色映射"类型选择"线性倍增"，"变暗倍增器"值设置为 1.0，"变亮倍增器"值设置为 1.0，其他参数不变，如图 5-43 所示。

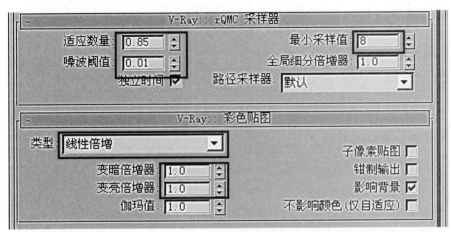

图 5-43　"V-Ray：颜色映射"命令面板

最终渲染效果图，如图 5-44～图 5-47 所示。

1. 客厅

图 5-44　客厅渲染效果图

2. 餐厅

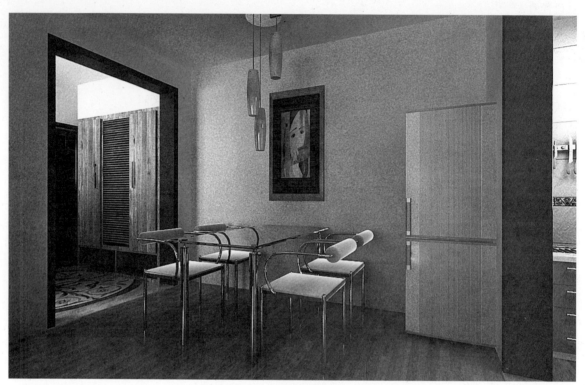

图 5-45　餐厅渲染效果图

3. 门厅

4. 厨房

图 5-46　门厅渲染效果图　　　　图 5-47　厨房渲染效果图

第6章
国际顶级表现艺术家 3seventh 3D and VRay 渲染作品赏析

6.1 日本国家图书馆室内工程项目招标方案渲染作品（部分作品，其他见网络下载文件）；

6.2 日本东京音乐剧院室内外工程项目招标方案渲染作品（部分作品，其他见网络下载文件）；

注：本章 3seventh 作品来源于 http://www.iplato.org/，仅用于高校教育教学交流使用。

附录 3ds Max 快捷键

序号	操作命令名称	快捷键
1	显示降级适配（开关）	"O"
2	适应透视图格点	"Shift" + "Ctrl" + "A"
3	排列	"Alt" + "A"
4	角度捕捉（开关）	"A"
5	动画模式（开关）	"N"
6	改变到后视图	"K"
7	背景锁定（开关）	"Alt" + "Ctrl" + "B"
8	前一时间单位	","
9	下一时间单位	"."
10	切换到顶（Top）视图	"T"
11	切换到底（Bottom）视图	"B"
12	切换到相机（Camera）视图	"C"
13	切换到前（Front）视图	"F"
14	切换到等大的用户（User）视图	"U"
15	切换到右（Right）视图	"R"
16	切换到透视（Perspective）图	"P"
17	循环改变选择方式	"Ctrl" + "F"
18	默认灯光（开关）	"Ctrl" + "L"
19	删除物体	"DEL"
20	当前视图暂时失效	"D"
21	是否显示几何体内框（开关）	"Ctrl" + "E"
22	显示第一个工具条	"Alt" + "1"
23	全屏（开关）	"Ctrl" + "X"
24	暂存（Hold）场景	"Alt" + "Ctrl" + "H"
25	取回（Fetch）场景	"Alt" + "Ctrl" + "F"
26	冻结所选物体	"6"
27	跳到最后一帧	"END"
28	跳到第一帧	"HOME"
29	显示／隐藏相机（Cameras）	"Shift" + "C"
30	显示／隐藏几何体（Geometry）	"Shift" + "O"

续表

序号	操作命令名称	快捷键
31	显示／隐藏网格 (Grids)	"G"
32	显示／隐藏帮助 (Helpers) 物体	"Shift" + "H"
33	显示／隐藏光源 (Lights)	"Shift" + "L"
34	显示／隐藏粒子系统 (Particle Systems)	"Shift" + "P"
35	显示／隐藏空间扭曲 (Space Warps) 物体	"Shift" + "W"
36	锁定用户界面（开关）	"Alt" + "0"
37	匹配到相机 (Camera) 视图	"Ctrl" + "C"
38	材质 (Material) 编辑器	"M"
39	最大化当前视图（开关）	"Alt" + "W"
40	脚本编辑器	"F11"
41	新的场景	"Ctrl" + "N"
42	法线 (Normal) 对齐	"Alt" + "N"
43	向下轻推网格－小键盘	"－"
44	向上轻推网格－小键盘	"+"
45	NURBS 表面显示方式	"Alt" + "L"
46	偏移捕捉	"Alt" + "Ctrl" + "空格"
47	打开一个 MAX 文件	"Ctrl" + "O"
48	平移视图	"Ctrl" + "P"
49	交互式平移视图	"I"
50	放置高光 (Highlight)	"Ctrl" + "H"
51	播放／停止动画	"／"
52	快速 (Quick) 渲染	"Shift" + "Q"
53	刷新所有视图	"1"
54	用前一次的参数进行渲染	"Shift" + "E" 或 "F9"
55	渲染配置	"Shift" + "R" 或 "F10"
56	在 xy/yz/zx 锁定中循环改变	"F8"
57	约束到 X 轴	"F5"
58	约束到 Y 轴	"F6"
59	约束到 Z 轴	"F7"
60	减淡所选物体的面（开关）	"F2"
61	旋转 (Rotate) 视图模式	"Ctrl" + "R" 或 "V"

续表

序号	操作命令名称	快捷键
62	保存(Save)文件	"Ctrl" + "S"
63	透明显示所选物体(开关)	"Alt" + "X"
64	选择父物体	"PageUp"
65	选择子物体	"PageDown"
66	根据名称选择物体	"H"
67	选择锁定(开关)	"空格"
68	显示所有视图网格(Grids)(开关)	"Shift" + "G"
69	显示/隐藏命令面板	"3"
70	显示/隐藏浮动工具条	"4"
71	显示最后一次渲染的图画	"Ctrl" + "I"
72	显示/隐藏主要工具栏	"Alt" + "6"
73	显示/隐藏安全框	"Shift" + "F"
74	显示/隐藏所选物体的支架	"J"
75	显示/隐藏工具条	"Y" / "2"
76	百分比(Percent)捕捉(开关)	"Shift" + "Ctrl" + "P"
77	打开/关闭捕捉(Snap)	"S"
78	循环通过捕捉点	"Alt" + "空格"
79	间隔放置物体	"Shift" + "I"
80	改变到光线视图	"Shift" + "4"
81	子物体选择(开关)	"Ctrl" + "B"
82	贴图材质(Texture)修正	"Ctrl" + "T"
83	加大动态坐标	"+"
84	减小动态坐标	"−"
85	激活动态坐标(开关)	"X"
86	精确输入转变量	"F12"
87	全部解冻	"7"
88	根据名字显示隐藏的物体	"5"
89	刷新背景图像(Background)	"Alt" + "Shift" + "Ctrl" + "B"
90	显示几何体外框(开关)	"F4"
91	视图背景(Background)	"Alt" + "B"
92	用方框(Box)快显几何体(开关)	"Shift" + "B"

续表

序号	操作命令名称	快捷键
93	打开虚拟现实－数字键盘	"1"
94	虚拟视图向下移动－数字键盘	"2"
95	虚拟视图向左移动－数字键盘	"4"
96	虚拟视图向右移动－数字键盘	"6"
97	虚拟视图向中移动－数字键盘	"8"
98	虚拟视图放大－数字键盘	"7"
99	虚拟视图缩小－数字键盘	"9"
100	实色显示场景中的几何体（开关）	"F3"
101	全部视图显示所有物体	"Shift"＋"Ctrl"＋"Z"
102	缩放范围	"Alt"＋"Ctrl"＋"Z"
103	视窗放大两倍	"Shift"＋数字键盘"＋"
104	放大镜工具	"Z"
105	视窗缩小两倍	"Shift"＋数字键盘"－"
106	根据框选进行放大	"Ctrl"＋"w"
107	视窗交互式放大	"["
108	视窗交互式缩小	"]"
109	编辑（Edit）关键帧模式	"E"
110	编辑区域模式	"F3"
111	编辑时间模式	"F2"
112	展开对象（Object）切换	"O"
113	展开轨迹（Track）切换	"T"
114	函数（Function）曲线模式	"F5"或"F"
115	向上移动高亮显示	"↓"
116	向下移动高亮显示	"↑"
117	向左轻移关键帧	"←"
118	向右轻移关键帧	"→"
119	位置区域模式	"F4"
120	回到上一场景操作	"Ctrl"＋"A"
121	撤销场景操作	"Ctrl"＋"Z"
122	用前一次的配置进行渲染	"F9"
123	渲染配置	"F10"
124	进入编辑（Edit）UVW模式	"Ctrl"＋"E"
125	打断（Break）选择点	"Ctrl"＋"B"
126	分离（Detach）边界点	"Ctrl"＋"D"

续表

序号	操作命令名称	快捷键
127	过滤选择面	"Ctrl" + "空格"
128	水平翻转	"Alt" + "Shift" + "Ctrl" + "B"
129	垂直 (Vertical) 翻转	"Alt" + "Shift" + "Ctrl" + "V"
130	冻结 (Freeze) 所选材质点	"Ctrl" + "F"
131	隐藏 (Hide) 所选材质点	"Ctrl" + "H"
132	全部解冻 (unFreeze)	"Alt" + "F"
133	全部取消隐藏 (unHide)	"Alt" + "H"
134	从堆栈中获取面选集	"Alt" + "Shift" + "Ctrl" + "F"
135	从面获取选集	"Alt" + "Shift" + "Ctrl" + "V"
136	水平镜像	"Alt" + "Shift" + "Ctrl" + "N"
137	垂直镜像	"Alt" + "Shift" + "Ctrl" + "M"
138	水平移动	"Alt" + "Shift" + "Ctrl" + "J"
139	垂直移动	"Alt" + "Shift" + "Ctrl" + "K"
140	平移视图	"Ctrl" + "P"
141	象素捕捉	"S"
142	平面贴图面/重设 UVW	"Alt" + "Shift" + "Ctrl" + "R"
143	水平缩放	"Alt" + "Shift" + "Ctrl" + "I"
144	垂直缩放	"Alt" + "Shift" + "Ctrl" + "O"
145	移动材质点	"Q"
146	旋转材质点	"W"
147	等比例缩放材质点	"E"
148	焊接 (Weld) 所选的材质点	"Alt" + "Ctrl" + "W"
149	焊接 (Weld) 到目标材质点	"Ctrl" + "W"
150	Unwrap 的选项 (Options)	"Ctrl" + "O"
151	更新贴图 (Map)	"Alt" + "Shift" + "Ctrl" + "M"
152	将 Unwrap 视图扩展到全部显示	"Alt" + "Ctrl" + "Z"
153	框选放大 Unwrap 视图	"Ctrl" + "Z"
154	将 Unwrap 视图扩展到所选材质点的大小	"Alt" + "Shift" + "Ctrl" + "Z"
155	缩放 (Zoom) 工具	"Z"
156	初始化	"P"
157	更新	"U"

后记

因从业之故，我对国内外 3ds Max/VRay 软件的项目教学一直较为关心。看多了，便有了一些想法。加之去年初春时节，天津美术学院兰玉琪教授给予的点拨，使我思绪万千，开始产生着手对前些年教学与实际施工项目过程中所积累的手稿进行整理的想法。

因为国内关于这一类项目教学的书籍较少，可借鉴性很小。从开始的广泛阅览到最后的总结，使我建立起了对 3ds Max /VRay 软件这一项目教学领域的个人见解，从而确立起本教材的编写指导思想。

是否所有的命令都涵盖才会使学生掌握的更全面？是否所有场景都讲全才会使学生都学通？我的理解是否定的，而且从近代心理教育学之父——桑代克的建构主义教育学说来讲，也对以上两个反问进行了否定。这种思考使我对当代的高校专业教学发展模式和方向产生了深刻的思考。而这种思考便引申了我对本书编写的出发点，也就是我所理解的教学与实际工程项目之间的结合点——循序渐进与目标成就。

通过长期的教学实践，也验证了这种教学方法的可行性与优势性。"能够尽可能快地见到基础目标——实现基础目标的成就——反思——自我提出更高级的目标——实现社会生产目标"，我想这才是项目教学的发展之路。

最后，这里我要感谢兰老对我学术和生活上的关怀！还要感谢中国建筑工业出版社教材中心的王跃主任和杨琪编辑对本教材所付出的努力！感谢我的学生以及多位研究生在我整理过程中所作出的辅助工作。

孙　琪　壬辰年四月写于津门